조류학자
무모하게도
공룡을
말하다

생물 미스터리

조류학자
무모하게도
공룡을
말하다

가와카미 가즈토
川　上　和　人
김선아 옮김

글항아리 **사이언스**

나를 조류학자로 키워주신
사랑하는 부모님께 이 책을 바친다.

조류학자는
깃털 공룡을 꿈꾸는가

세상에는 두 종류의 인간이 있다. 공룡학자와 조류학자. 나는 조류학자다. 그 밖의 사람들은?…… 신경 쓰지 않기로 하겠다.

최근 10년 동안 공룡학은 눈부시게 발전해왔다. 그중에서도 특히 눈여겨봐야 할 점은 계속되는 깃털 공룡의 발견과 그에 따른 조류와 공룡의 유연類緣 관계에 대한 재검토다. 이제는 조류가 공룡인지 공룡이 조류인지 알 수 없을 만큼 그들의 관계는 밀접해졌다. 지금 시점에서는 조류가 공룡에서 진화했다는 사실을 의심하기 어렵다. 아니, 의심하면 곤란하다. 왜냐하면 이 책은 조류의 조상이 공룡이라는 대전제 아래 쓰였기 때문이다.

사람들이 공룡학에 관심을 보이는 이유는 미지의 거대 생물에 대한 동경 때문이다. 하지만 공룡학은 뼈 화석만으로 모든 것을 유추해야 하는 단점을 지니고 있다. 이에 비해 조류학은 형태나 행동을 자세히 관찰할 수 있다는 장점이 있다. 그러니 공룡과 조류 사이에 밀접한 관계가 있다

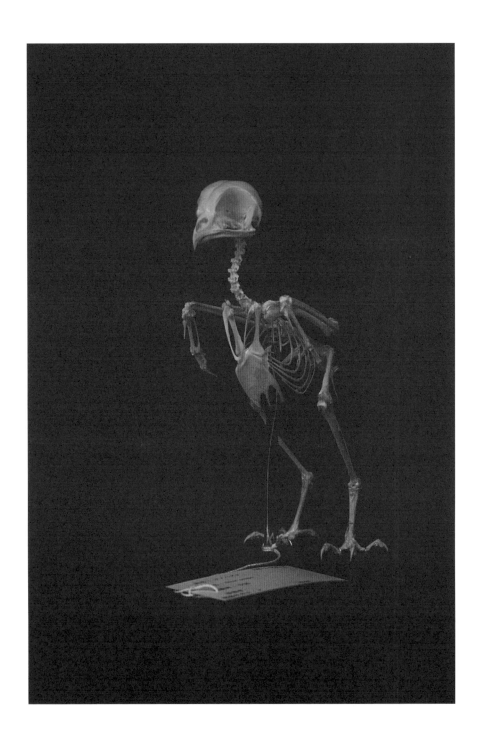

는 것은 서로에게 행운이라고 할 수 있다.

지금까지는 현대 동물 중 가장 가까운 종인 악어의 습성을 통해 공룡의 생활을 유추해왔다. 하지만 악어는 물속 생활을 하는 한편 지상에선 납작 엎드려 기어 다니는 동물로, 두 다리로 지상을 유유히 활보하던 공룡과 같은 선상에서 논의한 까닭에 많은 의혹을 살 수밖에 없었다. 그런데 공룡의 직계 후손인 조류가 등장한 것이다. 어느 날 갑자기 닭을 안고 나타나 "당신 자식이에요"라고 하는 아리따운 공룡학자의 말을 듣고 몹시 당황스러워하는 티라노사우루스의 모습이 영화의 한 장면처럼 머리를 스친다. 몬터규 가문과 캐퓰릿 가문의 화해만큼이나 충격적인 사건이 아닐 수 없다. 공룡의 생활을 추측하는 데 결정적인 역할을 하는 증인이 나타난 셈이니 말이다.

왼쪽 사진의 골격 표본을 살펴보자. 부리 끝이 갈고리 모양으로 구부러져 있다. 발톱은 작은 새들을 떨게 할 만큼 날카롭고, 보기 좋게 길게 뻗은 다리는 작은 새나 동물을 가차 없이 포획할 수 있는 단단한 근육질을 이루었을 것이다. 공격적인 골격 구조 덕분에 우리는 이 동물이 매과에 속하는 새라고 유추할 수 있다.

그러나 알 수 있는 것은 여기까지다. 몸을 뒤덮은 깃털 색깔도 알 수 없고, 날카로운 부리로 찢었을 먹이가 작은 새인지 쥐인지 모른다. 매과였다면 자연스럽게 이러한 모습을 떠올릴 것이다.

미안하게도 지금까지 우리의 논의는 잘못된 것이다. 이 뼈의 주인은 매과가 아닌 올빼미과에 속하는 소쩍새다. 큰 눈망울을 껌벅거리며 모성애를 자극하는 애교 가득한 조류다. 그러나 이 새가 멸종하여 먼 미래에 화석으로 발견된다면 이와 같은 모습으로 복원할 용감한 학자가 몇이나 될까? 그런 용감한 공룡학자가 있다 해도 사람들은 고작 "상상력이 풍부하네요. 하지만 현실을 똑바로 봐야 해요"라고 상냥한 말투로 충고하는 정도일 것이다. 결국 소쩍새의 모습은 미궁에 빠진 채 리만의 제타 함수처럼 미제로 남게 될 것이다.

화석을 통한 추정에는 현실과의 좁힐 수 없는 거리가 있다. 즉 매와 소쩍새의 간극이야말로 공룡학이 갖는 매력이라고 할 수 있다. 진지한 공룡학자 입장에서는 그리 달갑지 않은 말일지도 모른다. 그러나 외형이나 행동, 계통 등 생물의 흥미로운 분야에 대해 화석은 짤막한 정보만 줄 뿐 결정적인 해답을 주지 않는다. 그래서 나처럼 공룡에 문외한인 사람도 공상에 가까운 이야기를 당당하게 할 수 있으며, 진짜로 그런 일이 있었을 수 있다며 뻔뻔하게 항변할 수 있는 것이다. 이런 포용력이야말로 공룡이 많은 사람에게 사랑받는 진짜 이유다. 공룡학은 누구나 해석해보고 싶게 만드는 무한한 매력이 있다.

이 책의 주제는 조류와 공룡의 밀접한 유연 관계를 근거로 조류의 진화를 재해석하고 공룡의 생태를 복원해보는 것이다. 그러나 나는 어디까지나 현생 조류를 연구하는 조류학자 중 한 명이다. 새를 포획해서 측정하고 배설물을 분석하고, 예쁜 여자를 좋아하는 평균 체형의 연구자다. 또한 공룡학에 대해 깊이 아는 바가 없으며, 고생물학회나 지질학회 어느 곳에도 가입되어 있지 않다. 나와 공룡학과의 관계는 프라이드치킨을 우적우적 먹으면서 공룡학이라는 광활한 바다를 곁눈질하는 정도다. 그래서 이 책에는 단편적인 사실을 과장하거나 편의적 사고를 드러낸 부분도 있을 것이다. 조류 연구자가 현생 조류의 형태나 생태를 통해 공룡의 생활을 유추한 동화 같은 이야기라 여기고 읽어주시길 부탁드린다. 당연히

매

소쩍새

이 책은 공룡학에 내미는 도전장이 아니라 주제넘게 내미는 러브레터다.

　서장에서는 원래 공룡이란 어떤 존재인가에 대해 소개했다. 1장에서는 이 책을 읽기 전에 공유해야 할 새와 공룡의 기본적인 관계에 대해 설명했다. 여기까지는 워밍업이기 때문에 책을 처음부터 끝까지 다 읽을 자신이 없는 사람은 다음 장부터 읽어도 상관없다. 2장에서는 공룡과의 유연관계를 바탕으로 조류의 진화를 해석했다. 3장에서는 현대 조류의 생활을 바탕으로 공룡의 생활상을 상상해보았다. 4장에서는 생태계 안에서 공룡이 담당했던 역할에 대해 알아보았다. 아무쪼록 이 책이 공룡에 대한 교과서가 아님을 잊지 마시기를 당부한다. 평소 관심 있는 분야를 언급했을 뿐 공룡의 모든 것을 총망라한 책이 아니다. 공룡의 진정한 모습을 알고 싶다면 다른 도감과 같이 읽길 바란다.

　마지막으로, 이 책을 즐기는 비결을 알려드리겠다.

　책을 즐기는 방법에는 두 가지가 있다. 비판적 독서와 협조적 독서다. 과학 서적이라면 전자가 적당하다. 이 책에 쓰여 있는 것이 사실일까? 근거에서 결론에 도달하는 과정에 오류는 없는가? 이것은 구축된 논리의 합리성을 즐기는 방법이라 할 수 있다. 추리 소설을 읽을 때도 이와 같은 방법으로 읽을 수 있다.

　협조적 독서는 정반대의 방법이다. 필자가 말하지 않은 것까지 깊이 파악하고 모순을 눈치 채지 못한 척하며 모든 예외를 허용한다. 정말로 그렇다면 재미있겠는걸, 맞장구를 치며 공상을 즐기는 방법이다. 같이 즐겨야 재미있는 법이다.

　이 책은 당연히 나중의 방법이 적당하다. 넓은 애정과 아량으로 실수도 눈감아주시리라 믿는다. 사랑은 신뢰와 용서다. 뻔뻔한 변명도 늘어놓을 만큼 다 늘어놓았다. 향기로운 드립커피 한 잔을 들고 흔들의자에 앉으면, 드디어 시작이다. 조류학자의 눈으로 본 공룡의 모습을 편하게 즐겨주시길 바란다.

가와카미 가즈토 川上和人

차례

공룡이 세계에
탄생을 고하다

베란다 난간에 기대어 하늘을 올려다보고 있는데 눈앞에 공룡이 날고 있다면? 결코 황당무계한 이야기가 아니다. 고생물학자는 우리 주변에서 늘 볼 수 있는 새들이 공룡의 후손이라고 말한다. 이 주장은 진실일까? 아닐까? 공룡과 조류의 관계를 알아보기 전에 공룡이라는 생물은 어떤 존재인지 먼저 알아보자.

공룡이란
어떤 생물일까?

다들 공룡의 생김새는 대충 알고 있다. 거대한 몸집에 신비함을 간직한 생물체다. 그러나
실제로 공룡을 정의해달라고 하면 주춤하게 된다. 이제 공룡의 개념을 되짚어보고, 공룡
은 어떤 동물인지에 대한 기초 지식과 그 탄생의 배경을 알아보자.

공룡에 대한 기초 지식
어린이용 공룡 도감을 펼치면
앞부분에 10여 쪽 분량으로
공룡 그림과 함께 흥미로운
기초 지식이 소개되어 있다.
자녀에게 도감을 보여주면서
설명해줘도 좋을 듯하다.

이것이 공룡이다

누구나 공룡의 생김새를 머릿속에 그릴 수 있다. 또는 인형뽑기 기계
안에서 고무나 플라스틱으로 된 티라노사우루스, 트리케라톱스, 스테고
사우루스의 귀한 얼굴을 만나기도 한다. 우리에게 익숙한 것 같지만 공룡
이 어떤 생물인가에 대해 알아볼 필요가 있다.

공룡은 크게 두 무리로 나뉜다. 조반목鳥盤目과 용반목龍盤目이다. 예전에
는 파충류의 다른 무리로 인식되기도 했으나, 현재는 공룡이라는 하나의
계통으로 인식되고 있다. 두 목은 골반의 치골 방향으로 구분한다.

조반목은 각룡角龍류(트리케라톱스 등), 견두룡堅頭龍류(파키케팔로사우루
스 등), 조각鳥脚류(하드로사우루스 등), 검룡劍龍류(스테고사우루스 등), 개룡
鎧龍류(안킬로사우루스 등)로 나뉜다. 이들은 기본적으로 초식성이다. 용반
목은 크게 용각형龍脚形류(아파토사우루스 등)와 수각獸脚류(티라노사우루스

등)로 나뉜다. 용각형류는 용각류에 그의 조상 형태가 추가된 무리다.

　공룡과 더불어 이 책의 주인공인 조류는 수각류에서 진화한 것으로 보인다. 육식성 종을 비롯하여 두 다리로 걷는 몇몇 종이 수각류에 속한다. 새와 공룡의 긴밀한 관계가 어떻게 밝혀지게 되었는지는 나중에 알아보기로 하고, 일단은 무조건 '조류는 공룡에서 진화했다'고 생각해주길 바란다.

　조반목과 조각류는 '조鳥'라는 한자가 포함된 명칭이지만 계통적으로는 조류와 관계가 없다. 수각류 또한 '수獸'라는 한자가 붙어 있지만 포유류와 무관하다. 돼지와 진주처럼 전혀 상관없는 얘기다. 그 이름을 지은 사람에게 왜 그렇게 지었는지 물어보고 싶다. 도게나시토게토게와 백색형 흑로도 마찬가지다. 도대체 왜 그런 이름을 지어서 사람들을 헷갈리게 하냐고 따끔하게 충고하고 싶다.

공룡이란 무엇인가?

　이야기가 샛길로 빠졌다. 이제 공룡에 대한 정의를 내리고자 하니 잘 들어주길 바란다.

　일반적으로 공룡은 중생대 트라이아스기에 나타나 백악기 말에 멸종한 것으로 알려져 있다. 그러나 조류가 공룡에서 진화되었다고 상정한다면 그들은 공룡과 같은 부류라는 말이다. 즉 공룡은 멸종하지 않았고 조류가 되어 현대에 살아남았다고 할 수 있다. 이 사실 자체에는 거부감이 없다. 그러나 공룡은 멸종했다는 말을 늘 들어왔기 때문에 우리 머릿속에는 '멸종'이 각인되어 있다. 좌뇌는 이성적으로 받아들이지만 우뇌는 아무렇지 않게 '공룡은 멸종되었다'고 내뱉게 한다. 그러므로 이제 와서 새를

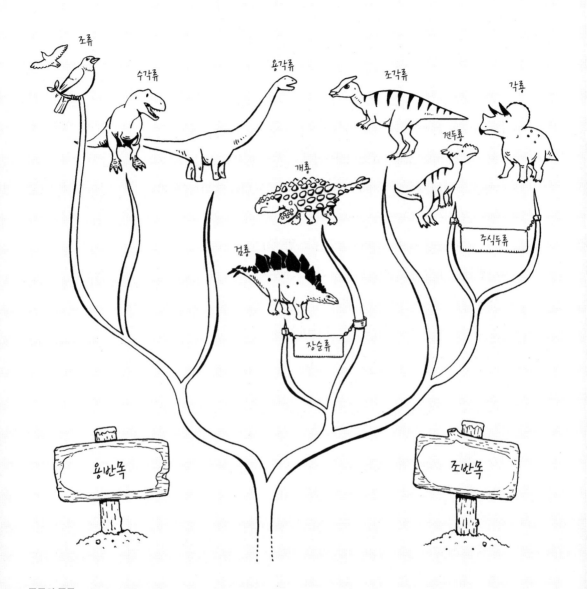

공룡의 종류

공룡은 크게 용반목과 조반목으
로 나뉜다. 각룡과 견두룡, 검룡
과 개룡은 비교적 가까운 사이다.
조류는 용반목에 속하는 수각류
에서 진화한 것으로 알려져 있다.

'공룡'이라 부르기에는 무리가 있다. 게다가 우리의 감성을 표현하는 '화조풍월花鳥風月'을 '화룡풍월花龍風月'이라 하면 제 맛이 나지 않을 것 같다.

사실 오랫동안 조류가 공룡이냐 아니냐를 놓고 논란이 많았다. 공룡학자들의 연구와 피나는 노력 끝에 최근에서야 이 이론이 정설로 받아들여지긴 했지만, 한 가지 문제점이 확인되었다. 조류는 공룡의 후손이기 때문에 이제는 '공룡은 멸종했다'거나 '공룡의 색은 알 수 없다'고 말할 수 없게 되면서 표현에 혼선을 빚은 것이다.

최근 출간된 공룡 책에서는 이러한 문구를 발견하기도 했다.

"이 책에서는 비조류형 공룡을 '공룡'이라고 표현하기로 한다."

조류가 공룡으로 인정되기까지 많은 연구자의 노력이 있었지만, 명칭의 혼란이 생기자 비조류형 공룡만큼은 원래대로 공룡으로 써달라는 요청이 쇄도하게 된 것이다. 바로 부메랑 효과다.

나 또한 같은 부탁을 드리고 싶다. 비조류형 공룡을 '공룡'으로 표현해도 괜찮을지……. 물론 이 책은 새가 공룡의 후손이라는 사실을 전제하고 있다.

'공룡'이라는 표현에 대해 이해해주신 것으로 알고, 이야기를 전개하기로 하겠다.

공룡은 주룡主龍류다

공룡을 둘러싼 동물들과의 관계를 살펴보자. 공룡이 파충류라는 견해는 발견 당시부터 잡음 없이 순순히 받아들여졌다. 혹시 공룡을 해파리류로 생각하고 있는 분이라면 이 책의 내용이 못마땅할 테니 이만 책을 덮

중생대
지질 시대는 고생대, 중생대, 신생대 시대로 나눌 수 있다. 중생대는 또 트라이아스기(약 2억5220만 년 전~2억130만 년 전), 쥐라기(약 2억130만 년 전~1억4500만 년 전), 백악기(약 1억4500만 년 전~6600만 년 전)로 나뉜다.

화조풍월
꽃과 새, 자연의 다양한 풍물을 즐기려는 마음, 풍류. 자연을 사랑하는 감성을 표현한 사자성어

부메랑 효과
행동이 결과적으로 행위자에 부정적인 결과를 가져오는 현상

모사사우루스류
모사사우루스류는 왕도마뱀류와 근연 관계로 알려진 백악기의 해양 파충류

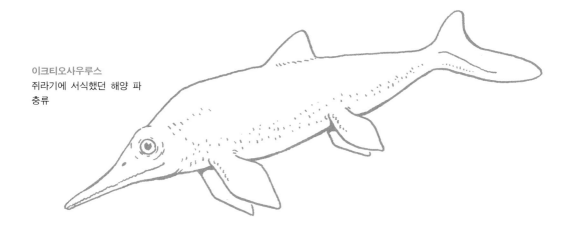

이크티오사우루스
쥐라기에 서식했던 해양 파
충류

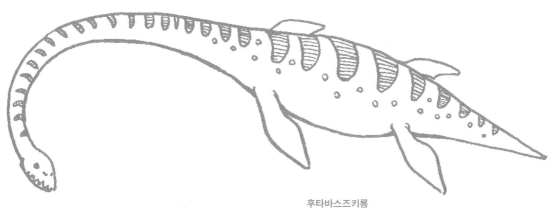

후타바스즈키룡
학명은 후타바스사우루스
스즈키Futabasaurus suzukii.
가켄學研출판사에서 출간한
비밀 시리즈 만화 「화석의 비
밀」에서 후타바스즈키룡이
발견되는 대목은 가슴을 뭉
클하게 한다.

어주시길. 그러나 파충류에도 여러 종류가 있다. 예를 들어 고대의 대형 파충류에는 어룡魚龍, 수장룡首長龍, 익룡翼龍 등이 있다. 이러한 파충류를 공룡과 함께 설명해놓은 도감을 보고 공룡의 일종이라 생각하는 이들이 적지 않은데, 어룡과 수장룡과 익룡은 공룡이 아니다.

익숙한 파충류인 도마뱀과 뱀은 인룡형鱗龍形류에 속한다. 모사사우루스류와 어룡, 수장룡도 이 무리에 든다. 어룡은 이크티오사우루스로 대표되는 해양 파충류, 수장룡은 일본에서 발견된 후타바스즈키룡과 같은 수서水棲 파충류에 속한다. 만화영화 「도라에몽-노비타의 공룡」에서 주인공을 연기한 피스케가 후타바스즈키룡이다. 즉 피스케는 공룡이 아니다. 또한 노비타가 타임 보자기를 써서 화석의 알을 부화시키는 장면이 있는데, 최근의 연구에서 수장룡은 난생卵生이 아닌 태생胎生일 것이라는 주장이 제기되었다. 종종 과학은 아이들의 동심을 파괴하는 악마가 되기도 한다.

어룡, 수장룡, 모사사우루스는 공룡과 같은 시대에 살았으며 수중을 정복했다. 포유류나 조류 중에 수중생활을 한 종이 있었지만 공룡 중에서는 발견되지 않았다. 아마도 어룡과 같은 거대 해양 파충류가 군림하고 있었기 때문일 것이다. 수중에서는 제우스도 포세이돈을 당해낼 수 없는 법이다.

인룡류는 공룡과 근연 관계가 아니다. 공룡은 주룡主龍류라는 다른 무리에 속한다. 현생 파충류 중에는 악어가 주룡류다. 조류를 제외하면 악어가 공룡에 가장 가까운 현생 동물이기 때문에 주로 악어와의 비교를 통해 공룡의 생태를 추측해왔다. 현생 파충류 중에서는 거북이 가장 원시적인 파충류 종에서 진화한 것으로 알려져 있었다. 그런데 최근 DNA를 분석한 결과 거북은 주룡형류로 밝혀졌다. 주룡형류란 주룡류를 거느리는 더 큰 무리다.

「노비타의 공룡」
필자도 어른답지 못해서 아이들에게 "저건 공룡이 아니야"라고 동심을 깨는 말을 하지만, 영화만 봤을 때는 충분히 잘 만들어진 영화다.

영화
영화를 볼 때 가끔 생물학적으로 어설프다고 느낄 때가 있다. 그 영화가 완성도가 높은 영화라면 더욱 옥에 티가 되어 영화 감상에 몰입하지 못하게 만든다. 세상에는 마음이 순수하지 못한 사람도 있기 때문에 영화를 만들 때는 과학적 고증을 철저히 해주길 부탁드린다.

포세이돈
그리스 신화에 나오는 바다의 신. 하늘과 땅을 다스리는 제우스, 죽은 자들의 나라를 다스리는 하데스와 형제다. 삼지창이 트레이드마크. 제우스의 아내 헤라와 힘을 합쳐 제우스를 무너뜨리려 했다가 실패하여 귀양에 처해졌다.

중생대의 하늘을 날았던 익룡도 주룡류 중에서 좀더 공룡에 가까운 계통으로 알려져 있었으나, 2012년 익룡의 형태를 재검토한 연구 결과 주룡형류에 속하지만 주룡류는 아니라는 주장이 제기되었다. DNA는 시간이 지나면 분해되기 때문에 중생대 화석에서 DNA를 추출하기란 거의 불가능한 일이다. 즉 고대에 멸종한 동물은 DNA 분석을 할 수 없기 때문에 모두가 수긍할 만한 결론을 얻으려면 더 많은 연구가 진행되어야 한다. 또한 그런 이유로 멸종 파충류의 계통 관계는 자주 수정되기 마련이므로 늘 주의를 기울여야 한다. 어쨌든 여기에서는 익룡, 어룡, 수장룡 등은 공룡이 아니라는 사실만 기억하면 된다.

몸통 밑에 달린 다리, 이족 보행 라이프

파충류는 다양하지만 공룡은 독특한 진화적 특징이 있다. 특히 이족 보행은 공룡의 중요한 특징으로, 조류까지 이어져 내려온다. 사족 보행을 했던 유명한 공룡인 트리케라톱스와 아파토사우루스의 경우는 2차적 진화를 거친 결과일 뿐 조상은 이족 보행이다. 초기의 용반목인 에오랍토르와 에오드로메우스, 공룡의 조상에 가장 가까운 라고수쿠스 등도 앞다리가 뒷다리에 비해 매우 짧아서 이족 보행을 했을 것으로 추정하고 있다. 공룡이 이족 보행을 한 이유는 다리의 구조가 이전의 파충류와 다르기 때문이다.

악어와 거북이, 도마뱀 등의 다리는 게처럼 몸통 옆쪽에 달려 있다. 그러나 공룡은 다리가 몸통 밑에 달려 있다. 이족 보행은 한쪽 발을 들었을 때 땅을 딛고 있는 발쪽으로 무게중심을 옮겨야 넘어지지 않는다. 게처럼 다리가 몸통 옆쪽에 달려 있으면 무게중심을 옮기는 일이 쉽지 않다. 스모 선수가 경기장에 입장할 때 보여주는 의식 중에 시코四股[스모 경기에서 선수가 허벅다리에 손을 얹고 다리를 하나씩 옆으로 높이 쳐들었다가 힘차게 땅을 밟는 행위]와도 같은 동작으로 계속 걸어야 한다면 얼마나 비효율적일지 상상할 수 있을 것이다.

그렇지 않으면 천천히 걷기를 포기하고 자전거 페달을 밟듯이 균형이 무너지기 전에 계속 다리를 바꾸는 방법밖에 없다. 목도리도마뱀과 바실리스크는 이 방법을 택하고 있다. 그러나 이 방법은 계속 최고 속도로 달려야 하기 때문에 일상적으로 이용할 수가 없다. 역시 이족 보행은 다리가 몸통 밑에 달려 있어야 유리하다. 이런 구조는 장거리 이동에도 유리하기 때문에 공룡의 생활권을 전 세계로 넓혀줬을 것이다.

아시다시피 공룡의 대표적인 특징은 거대한 몸집이다. 물론 체구가 작은 공룡도 있었지만, 공룡전의 꽃은 단연코 대형 공룡이다. 두개골의 길이가 1.7미터나 되는 기가노토사우루스나 몸길이가 15미터를 넘는 스피노사우루스는 그야말로 공룡이라는 존재의 매력을 뿜어낸다. 용각류의 수퍼사우루스는 몸무게가 40톤이나 되는 것으로 추정되는데, 그러한 거구를 지탱할 수 있었던 것도 다리가 몸통 밑에 붙어 있었기 때문이다. 다리가 몸통 옆에 달려 있었다면 몸을 받칠 수가 없으므로 거대화에 걸림돌이 되었을 것이다.

라고스쿠스
트라이아스기에 서식했던
파충류

공룡의 다리

트라이아스기에 서식하던 악어 또는 공룡으로 분류되지 않는 주룡류 중에도 다리가 몸통 밑에 달린 생물이 있었던 것으로 밝혀졌다. 공룡의 다리가 아래쪽에 위치하기까지 다양한 진화의 과정이 있었음을 짐작할 수 있다.

이족 보행

갓파河童[물속에서 산다는 상상의 일본 동물]도 이족 보행을 했지만, 양서류처럼 물과 육지 양쪽에서 생활했기 때문에 공룡의 이족 보행과는 경우가 다르다. 갓파가 어렸을 때는 우파루파[아홀로틀 axolotl, 점박이도롱뇽과의 양서류로 아가미가 머리 양쪽으로 튀어나와 있다]의 아가미 같은 게 목 옆에 달렸을 것으로 생각된다.

악어와 공룡의 다리 형태
악어는 앞에서 봤을 때 다리
가 몸통 옆으로 나와 있다. 공
룡은 몸통 밑으로 달려 있다.

상상 속 공룡

공룡에 대한 기본 지식은 거의 다 공유한 것 같다. 여기에서 한 가지 더 알려주고 싶은 것이 있다. 우리가 머릿속에 그리는 공룡의 모습은 다 부질없다는 것이다.

공룡에 대한 연구는 나날이 나아가고 있다. 매년 새로운 것이 발견되어 과거의 이론을 뒤집는다. 이 책을 집필하는 중에도 속속 새로운 연구 성과가 발표되고 있다. 우리가 공룡이라고 부르는 대상은 화석에서 발견된 뼈라는 단편적인 증거에 기초하고 있을 뿐이며, 행동이나 생김새도 대부분 추측에 지나지 않는다. 확실한 것은 뼈가 출토된 장소일 뿐이다. 그 장소를 토대로 지층 연대를 추정하고, 일부 뼈로 몸체를 추정하고, 몸통의 뼈로 겉모습을 추정하고, 형태로 행동을 추정한다. 증거가 아주 적기 때문에 다양한 가설이 나올 수밖에 없다. 도감으로 보는 모습이나 설명은 어디까지나 유력한 가설 중 하나라는 것이다.

물론 가설에도 규칙은 있다. 과학적 분석은 반드시 합리적이어야 한다. 예를 들어 날지 않는 공룡을 조상으로 둔 조류는 오늘날 일본이나 미국의 하늘을 날아다니고 있다. 이때 양국의 공룡이 일본과 미국에서 각각 독자적으로 진화한 것이라면 두 번 진화한 셈이다. 하지만 조상이 한 번 비행을 진화시킨 후 일본과 미국으로 분포지를 넓힌 것이라면 진화는 한 번으로 그친다. 같은 진화가 여러 번 일어날 확률은 낮다. 따라서 진화의 횟수가 적은 쪽으로 생각하는 것이 규칙이다.

그러나 이것은 어디까지나 확률의 문제로, 항상 최소한의 진화만 일어나란 법은 없다. 진화가 여러 번 발생하여 귀착점까지 최단 거리로 이어지지 않는 경우도 있다. 우리가 하늘을 날 수 있는 새의 조상에 대해 알지 못한 상태라면 타조를 보면서 공룡이 날지 못하여 진화되었다고 추정했을 것이다. 하지만 실제로는 비행 능력을 지닌 조류로 진화했다가 그 능력을 소실하게 된 변화, 즉 두 번의 진화가 있었다고 보는 것이 맞다.

물론 연구자들은 자기가 세운 주장을 증명하기 위해 밤낮으로 고군분투한다. 그러나 살아 있는 공룡의 실체를 관찰할 수 없기 때문에 다른 생물학 분야보다 훨씬 불확실하다. 조금 멋있게 표현하자면 '공룡학적 불확실성'이라고 할 수 있다. 그러나 이 불확실성이야말로 상상력을 자극하여 다양한 추리를 하게 만드는 가장 큰 매력이다. 이 책을 읽는 이들은 공룡을 연구하는 입장이 아니라 그저 성과를 지켜보는 대중일 테니 부담 없이 상상을 즐겨주었으면 한다.

다시 한 번 말하지만, 나는 공룡학자가 아니라 그저 여러분과 함께 공룡을 좋아하는 일반인이다. 여기서부터는 공룡학적 불확실성은 구석으로 밀어놓고 함께 즐겨주기를 바란다.

공룡학, 탄생하다

사람들은 공룡에 매료되어 공룡을 연구한다. 청소년들은 도감에 마음을 빼앗기고, 박물관에 전시된 거대한 골격 표본에 빨려든다. 이것은 과학적 탐구심일까, 아니면 미지의 세계에 대한 동경심일까? 공룡 연구의 지나간 역사를 되짚어보고 공룡학의 현재를 알아본다.

공룡학은 언제부터 시작되었나?

우리는 어린 시절부터 '공룡'이라는 단어를 익히 들어 알고 있다. 영어로는 '다이너소어Dinosaur'로 불린다. 오늘날에는 익히 잘 알려진 이 단어가 영국에서 탄생한 지는 200년이 채 안 된다.

공룡 화석이 역사에 그 모습을 드러낸 것은 1824년의 일이다. 세계 최초로 메갈로사우루스라는 학명이 붙여진 무렵으로, 당시에는 거대한 파충류 정도로 여겼을 뿐 공룡이라는 개념은 아예 없었다. 메갈로사우루스는 '큰 도마뱀'이라는 뜻이다. 영국 옥스퍼드주의 스톤스필드에서 발견된 이 화석은 윌리엄 버클랜드의 논문을 시작으로 연구 대상이 되었다. 버클랜드는 아래턱뼈와 척추에 해당하는 화석의 일부를 통해 이 생명체가 거대한 파충류였다는 사실을 감지했다. 최근 연구에서는 메갈로사우루스의 뼈에 다른 공룡의 뼈가 최소한 두 종류 이상 섞여 있다는 사실이 밝혀

공룡학
고생물학 중의 한 분야. 고생
물학은 고척추동물부터 무
척추동물까지 다양한 동물
을 다룬다. 지구과학, 고대생
명환경학, 현생생물학 등과
관련한 고대 생물과 생명 진
화를 탐구하는 학문이다.

윌리엄 버클랜드
영국의 지질학자면서 고생물
학자다. 당시 옥스퍼드대학
의 교수직과 영국지질학회의
회장을 역임하고 있었다.

졌다. 당시 버클랜드 역시 나이와 크기가 다른 어떤 개체의 뼈가 포함되었
다는 점을 지적했다.

그다음에는 영국 의사인 기디언 맨텔이 1825년에 발표한 이구아노돈
의 화석이다. 이구아노돈이란 '이구아나의 이빨'이라는 뜻으로, 이름에서
알 수 있듯이 발견된 이빨 화석은 이구아나와 비슷한 형태를 띠고 있었
다. 이어서 1833년 맨텔은 힐라에오사우루스라는 거대 파충류의 화석에
대한 연구를 발표했다.

이로써 머나먼 과거 세계에 거대한 파충류가 서식했다는 사실이 온 세
상에 밝혀지게 되었다. 1842년 고생물학자 리처드 오언은 '무서운 도마뱀'
이라는 뜻의 디노사우리아Dinosauria를 공룡의 명칭으로 하자고 제안했
다. 그는 메갈로사우루스, 이구아노돈, 힐라에오사우루스의 화석을 자세
히 살펴본 결과 일반 파충류와는 확연히 다른 특징을 알아챘다. 무엇보다
도 다섯 개의 척추가 맞물린 엉치뼈, 튼튼한 다리뼈, 거대한 몸이 두드러
진 특징이었다. 이때부터 비로소 공룡학이 시작되었다.

처음에는 네 발, 다음엔 세 발, 마침내 두 발로

당시 공룡의 복원도는 사족 보행을 하는 포유류에 가까운 거대한 파
충류의 모습으로 그려졌다. 발견된 뼈는 한 번도 본 적 없는 거대한 파충
류의 것인 데다 전신의 뼈가 다 갖춰져 있지 않았으므로 현생 파충류에
서 유추한 그림이 나올 수밖에 없었다.

많은 사람은 공룡의 발견에 기뻐하며 환호했다. 당시 추정된 메갈로사
우루스의 몸길이는 12미터, 이구아노돈은 18미터다. 18미터 정도라면 건
담과 비슷하다. 우리는 어린 시절부터 공룡 도감이나 대형 로봇을 많이

봐왔기 때문에 그만한 크기에 익숙한 편이다. 그러나 당시 서양 사람들이 눈으로 볼 수 있는 덩치 큰 동물이라곤 고작해야 말 정도 아니었겠는가? 그런데 갑자기 네 발로 기어 다니는 건담 크기의 생물이 발견되었으니 얼마나 쇼킹했을까.

1851년 맨텔은 이구아노돈이 이족 보행을 했다고 주장했다. 1858년에는 미국의 고생물학자 조지프 라이디도 하드로사우루스 화석에 관한 논문을 발표하면서 앞다리가 뒷다리에 비해 짧다는 사실을 들어 이족 보행 가능성을 주장했다. 1868년 그가 제작한 하드로사우루스의 골격 표본은 꼬리로 몸을 지탱한 채 두 발로 서 있는 형태였다. 그 후 앞다리가 짧은 공룡 화석들이 계속 발견되자 공룡은 이족 보행의 형태로 그려지기 시작했다. 당시 하드로사우루스는 물과 육지 양쪽에서 생활하는 공룡으로 간주되었다.

1861년에는 독일 졸른호펜 지방의 쥐라기 지층에서 시조새 화석이 발견되었다. 오언은 시조새를 현생 조류와 마찬가지로 완전한 조류라고 판단했다. 시조새가 발견되기 직전인 1859년 찰스 다윈의 저서 『종의 기원』이 출간되어 세상에 진화론이 알려지기 시작했다. 다윈의 진화론을 옹호했던 토머스 헉슬리는 공룡과 조류가 근연 관계라고 주장했으나 당시에는 그다지 주목을 끌지 못했다.

유럽에서 공룡의 존재가 알려지던 1800년대 후반, 개척 시대의 미국에서도 경쟁적으로 공룡 화석 발굴에 열을 올렸다. 북미에서 최초로 보고된 공룡은 앞서 언급한 하드로사우루스로, 이후 미국 각지에서 발굴 작업이 활발하게 전개됐다. 특히 에드워드 코프와 오스니얼 마시 사이에 벌어진 발굴 전쟁이 유명하다. 때는 무법천지의 서부 개척 시대. 티라노사우루스나 안킬로사우루스 등 우리에게 가장 익숙한 공룡들이 이 무렵에 발

맨텔
영국 의사. 지질학, 고생물학의 연구자로도 알려져 있다. 하지만 그의 삶은 그리 행복하지 않았다.

이구아노돈의 이빨
실제로 화석을 발견한 사람은 맨텔의 부인이라는 설이 있다. 발견된 시점은 메갈로사우루스보다 빨랐다.

1800년대의 박물학
19세기는 자연의 황금시대로 불린다. 대항해 시대 이후 전 세계로 뻗어 나간 유럽인은 다양한 표본을 수집하고 기록했다. 박물학이 일반인 사이에서도 유행하여 새로운 발견을 기쁘게 받아들였다. 이 시대 이후 생물학은 분류군으로 세분화된 학문으로 발전했다.

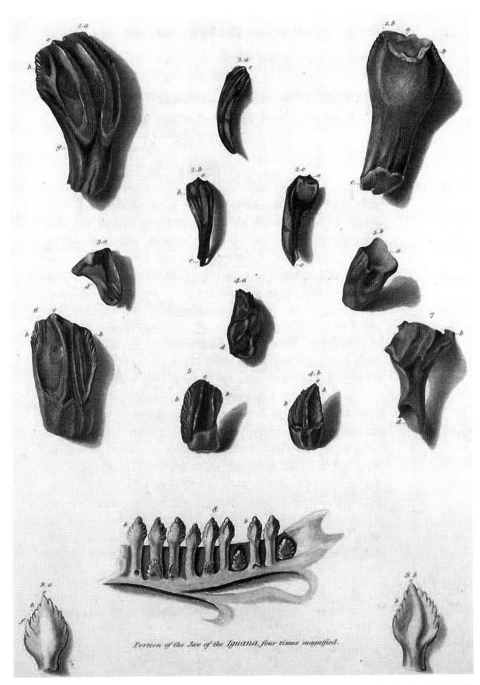

Portion of the Jaw of the Iguana, four times magnified.

맨텔 논문에 발표된 이구아노돈의 이빨

공룡학 초기에 복원된 이구 아노돈의 모습
사족 보행에 입이 크고 긴 꼬리를 땅에 끌고 다니며, 코끝에는 뿔이 있었다고 여겨졌다. 나중에 코끝의 뿔은 이구아노돈의 특징인 엄지발톱으로 밝혀졌다.

견되었다.

1900년대부터는 미국의 자연사박물관에서 중국과 몽골, 아프리카 등으로 탐험대를 파견하여 새로운 공룡을 발굴하기 시작했다. 벨로키랍토르와 프로토케라톱스 등이 이 시대에 발굴된 대표적인 공룡이다. 고비 사막에서는 오비랍토로사우루스류의 알과 둥지 화석이 발견되어 크게 주목받기도 했다. 그러나 1929년 월가에서 발생한 대공황과 그 이후에 일어난 제2차 세계대전으로 공룡학의 인기는 내리막길을 걷게 되었다.

잠시 주춤하던 공룡학은 1964년 존 오스트롬이 데이노니쿠스를 발표함과 동시에 르네상스를 맞았다. 오스트롬은 데이노니쿠스가 민첩한 포식자라고 주장했다. 그때까지 공룡은 움직임이 둔한 파충류로 여기고 있었을 뿐 민첩하게 행동했으리라고는 생각하지 못했다. 이로써 오스트롬의 공룡 항온동물설이 세상에 알려지게 되었다.

또한 물과 육지 양쪽에서 생활했을 것으로 간주했던 하드로사우루스는 주로 지상형이라는 견해에 무게가 실리자 공룡의 복원도도 빠르게 달라졌다. 1969년에 오스트롬이 발표한 논문에 그의 제자인 로버트 T. 바커가 그려 넣은 데이노니쿠스의 복원도를 보면 꼬리를 땅에 끌지 않고 몸을 수평으로 유지한 채 질주하는 모습이다. 민첩하게 행동할 수 있는 공룡이라 판단한 만큼 꼬리를 끌고 다닐 이유가 없기 때문이다. 지금은 이 형태가 당연하게 여겨지고 있지만 당시에는 잘 수용되지 않았다. 공룡의 꼬리는 1970~1980년대의 도감에서도 여전히 바닥에 늘어져 있다. 시대가 오스트롬을 따라가지 못한 것이다.

오스트롬은 데이노니쿠스와 시조새의 골격을 비교 관찰한 결과 매우 유사하다는 사실을 발견했고, 1970년에는 공룡이 조류의 조상이라고 주장했다. 헉슬리 이후 100년 만에 다시 제기된 주장이다. 이 주장은 많은

하드로사우루스의 옛날 복원도
꼬리가 땅에 늘어져 있고 두 발로 우뚝 서 있는 모습으로 그려졌다.

하드로사우루스의 현재 복원도
꼬리를 바짝 들고 두 발 또는 네 발로 걷는 모습으로 묘사되고 있다.

데이노니쿠스
북미에서 발견된 수각류 드로마에오사우루스과 공룡. 데이노니쿠스의 발가락에는 크고 날카로운 갈고리형 발톱이 붙어 있다. 초식 공룡인 테논토사우루스의 화석 옆에서 여러 개체의 데이노니쿠스가 발견된 것을 토대로 집단 사냥을 했다는 주장도 제기되었다. 영화「쥐라기 공원」에 등장하는 랩토르는 데이노니쿠스를 모델로 한 것이다.

사람이 공룡에 관심을 갖도록 만들었다. 그리고 1996년, 드디어 중국에서 깃털 공룡인 시노사우롭테릭스의 화석이 발견되어 조류와 공룡의 관계에 더욱 힘이 실렸다. 덕분에 최근의 공룡들은 대개 털북숭이 형태로 그려지고 있다. 공룡이 항온 동물이었는지, 조류의 조상이었는지, 왜 멸종했는지 등의 다양한 문제가 논의되고 있으며 새로운 발견도 잇따르고 있다.

무엇 때문에 공룡을 발굴하는가?

공룡 르네상스 이후 많은 연구자가 고군분투하여 잇따라 흥미로운 발표를 내놓은 덕분에 공룡에 대한 일반인의 관심은 일시적 붐에 그치지 않고 꾸준히 이어졌다. 오히려 공룡은 소설, 만화, 영화 등에 많이 등장하게 되었다.

대체 공룡 화석을 발굴하는 게 무슨 도움이 될까? 왜 우리는 이토록 공룡에 열광하는 걸까? 공룡 화석으로 다이어트에 성공할 수 있을까? 공룡 화석으로 병을 치료할 수 있을까? 공룡 화석으로 이성에게 호감을 살수 있을까? 공룡 화석으로 친환경 에너지를 얻을 수 있을까? 솔직히, 공룡 화석은 실리적으로는 아무런 도움이 되지 않는다. 세계 대공황과 제2차 세계대전 당시 공룡학이 멈춘 것이 바로 그 증거다. 공룡학은 생활의 여유가 없으면 발전할 수 없는 평화의 지표와도 같은 분야다.

물론 화석 연구는 과학 발전에 기여할 수 있다. 과거에 어떤 생물이 있었는지를 밝히는 작업은 오래전 지구의 역사를 복원하는 중요한 퍼즐 조각을 맞추는 일이기 때문이다. 하지만 그것이 무슨 이득이 되느냐 묻는다면 딱히 할 말이 없다. 과거에 발생한 대멸종의 원인을 자세히 분석하는 작업이 미래 인류에게 닥칠 수 있는 위기를 극복할 수 있게 할까? 거의 불

로버트 T. 바커
미국의 공룡학자. 카우보이 모자와 긴 수염이 트레이드 마크. 영화 「쥐라기 공원」에 등장하는 공룡학자의 모델로 유명하다. 그가 공룡 항온 동물설을 주장하며 쓴 『공룡 이설The Dinosaur heresies』이 미국에서 큰 화제를 불러일으켰다.

털북숭이
온몸이 깃털에 덮여 있었을지도 모르겠다. 공룡이 조류의 조상이라고 가장 먼저 주장한 토머스 헉슬리도 이렇게까지 깃털로 덮을 생각은 없었을 것이다.

가능하다. 공룡의 멸종 원인은 소행성 충돌 때문으로 알려져 있고, 인간의 힘으로는 그런 재난을 막을 수 없다.

화석 발굴이 활발하게 이어질 수 있었던 것은 오로지 인간의 호기심 때문이다. 어떤 거대한 생물이 대지를 활보하고 다녔는지, 그 기세가 얼마나 맹렬했는지, 무엇을 먹고 살았는지, 판다 모양의 녀석이 있었는지, 카멜레온처럼 몸의 색을 바꿀 수 있었는지, 도마뱀처럼 꼬리를 자를 수 있었는지, 입에서 화염을 뿜어냈는지 안 뿜어냈는지…… 인간의 호기심은 끝이 없다.

공룡에 대한 끊임없는 호기심 때문에 우리는 도감을 구입하고, 박물관을 찾아가고, 쥐라기 공원에 가서 공룡을 만난다. 인간의 순수하고 고결한 탐구심 덕분에 아무 짝에도 쓸모없는 공룡 뼈를 찾는 작업이 사회적 인정을 받게 된 것이다. 오히려 그 호기심 자체가 경제적 기반을 제공하여 발굴 작업도 계속될 수 있었다. 사람들의 관심이 몰리지 않는 분야에는 자본이 투자되지 않기 때문에 쇠퇴하기 마련이다.

1824년 거대 파충류인 공룡은 느릿느릿 걷기 시작했다. 그러던 공룡이 언제부턴가 꼬리와 두 발로 땅을 지지하고 서더니, 어느덧 꼬리를 바짝 세우고 두 발로 돌아다니게 되었다. 지금은 깃털을 지닌 새로운 모습으로 변모해 있다. 불과 180년 만에 놀라운 성장을 한 것이다. 이 기세라면 눈에서 광선을 뿜을 날도 멀지 않았다. 조류학자인 나로서는 위대한 선조님의 날로 변해가는 모습이 기대되지 않을 수가 없다.

지금까지는 공룡과 공룡학에 대해 개략적인 설명을 했다. 다음 장에서는 공룡과 조류의 관계에 대해 자세히 파헤쳐보도록 하자. 자, 공룡학의 세계로!

영화
고질라는 고릴라와 일본어로 고래를 뜻하는 구지라의 합성어로, 모티프는 공룡에서 따온 것이다. 영화 「고질라」가 공개된 것은 공룡의 르네상스 시대가 열리기 이전인 1954년의 일이다. 시대를 앞지른 대단한 영화다.

공룡 화석으로 병을 치료
한의학에서는 '용골龍骨'이라고 불리며, 대형 포유류의 화석 등을 처방하기도 한다.

소행성 충돌
거대한 소행성의 충돌은 공룡학뿐만 아니라 다른 모든 학문을 동원해도 미리 막을 수 없다.

공룡은 이윽고
새가 되었다

이 책의 주제는 공룡과 조류의 관계성을 기반으로 조류 진화를 재해석하고 공룡의 생태를 복원해보는 것이다. 본격적인 논의에 앞서, 기초적인 종의 개념 그리고 공룡과 조류의 관계에 대해 설명하도록 하겠다.

생물의 종이란
과연 무엇인가?

'종'이란 생물을 분류하는 하나의 단위를 말한다. 하지만 그 정의는 한 가지가 아니기 때문에 공통의 인식 없이 논의를 진행하게 되면 혼란을 불러일으킬 수 있다. 따라서 대전제인 종의 개념과 생물 분류에 대해 생각해보고자 한다.

종의 개념

'종'이라는 단어의 의미를 이해하지 못하면 공룡을 이해할 수 없다. 왜냐하면 생물을 논할 때 우리는 생물의 한 집합체를 '종'으로 인식하기 때문이다. 집합체를 나누는 기준이 사람마다 다르면 이야기는 뒤죽박죽된다.

가령 일본에는 참새와 섬참새라는 두 종류의 참새가 있다. 이 둘은 근연종이지만 섬참새는 뺨에 검은 반점이 있고 참새는 없다. 이들을 명확하게 구분하여 한쪽만을 참새라고 생각하는 사람과 두 종류를 뭉뚱그려 참새라고 생각하는 사람이 '참새'에 관해 대화한다면 서로의 말을 알아들을 수 있을까? 어느 쪽이 옳고 그르다는 말이 아니다. 이것은 정의의 문제기 때문이다. 논의를 시작하기에 앞서 "참새와 사촌지간인 조류 전체를 참새라고 불러야 한다"라든가 "참새와 사촌지간인 조류는 둘로 나누어 한쪽만 참새라고 불러야 한다"와 같은 개념을 정리하고 넘어가고자 한다.

까마귀

유라시아까마귀   큰부리까마귀

참새

참새   섬참새

정의의 문제

참새와 그 사촌을 뭉뚱그려 부를 경우 참새 앞에 '총칭'이라는 용어를 붙이기도 한다. 까마귀에는 큰부리까마귀, 유라시아까마귀, 갈까마귀 등이 있지만 '까마귀'라는 새는 없기 때문에 '까마귀'란 총칭이다. 그러나 이 경우에도 물까치와 까치 등 까마귀 사촌까지 포함해야 하는지는 기준이 모호하다. '넓은 범위의 까마귀' '까마귀류' '까마귀 사촌' 등 여러 단어가 있어서 조금 복잡하기는 하지만 때에 따라 적절한 단어를 선택하는 수밖에 없다.

지루함
니체가 "배우려는 의지가 있는 사람은 지루함을 느끼지 않는다"라고 말하지 않았던가.

종의 개념은 우리 생물학자들을 괴롭히는 문제 중 하나이기도 하다. 현존하는 생물을 다룰 때도 종이 문제가 되는 경우가 있는데, 하물며 세상에 존재하지 않는 화석 종을 다루는 일이라면 더욱 난처할 수밖에 없다. 우선 '공룡의 종'이라는 주제와 공통되는 개념에 대해 생각해보기로 하겠다.

그러나 주의하기 바란다. 이 내용은 다소 어렵고 재미없을지도 모른다. 그러므로 이 장을 읽고 나서 책을 덮어버릴 것 같다면 다음 장으로 건너뛰어도 좋다. 다만 견뎌볼 의향이 있다면 읽어보기를 권한다.

종의 분류 방법

다른 종에 속하지 않는 생물 개체를 모은 집합체를 '종'이라고 한다. 그리고 종의 이름을 부르며 그 생물에 관해 논의한다. 그러나 집합체를 나누는 일은 여간 어려운 게 아니다. 보통은 막연하게 '교배 가능 여부가 종의 구분 기준'이라고 생각하지만 그리 간단한 문제가 아니다. 공룡에 관해 이야기하기 전에 종을 어떻게 나눠야 하는지부터 알아보자.

생물을 분류하기 위해서는 단순히 종 자체를 아는 것뿐만 아니라 어느 종과 어느 종이 사촌간인지를 확인하는 일도 중요하다. 생물을 분류할 때 비슷한 종을 모아놓은 무리를 '과'라고 하고, 비슷한 '과'를 모아놓은 무리를 '목'이라고 부른다. 예를 들어 참새는 참새목 참새과 참새종으로 분류된다. 참새목은 까마귀나 찌르레기와 같은 사촌간도 포함하며 앞서 언급한 섬참새도 참새과에는 들어간다. 종뿐만 아니라 과나 목도 어떻게든 분류하고 판별해야 하는 것이다.

쉬운 방법으로는 '형태학적 종 개념'에 따른 판별법이 있다. 이것은 비숫한 형태의 개체를 동종으로 간주하는 방식이다. 직관적이고 매우 간단한 방법이지만 모든 종을 정확하게 판별할 수는 없다. 예를 들어 두 지역에서 색이 다른 새가 서식한다고 해보자. 두 지역에 사는 개체만 비교한다면 서로 다른 종이라고 볼 수 있다. 그러나 두 지역 사이에 중간 색을 띤 개체가 연속적으로 서식하고 있다면, 지역적으로 색의 변이만 있을 뿐 같은 종이라고 말할 수 있을 것이다. 일본에는 혼슈에서 규슈에 걸쳐 서식하고 있는 코퍼긴꼬리꿩이라는 새가 있다. 북쪽의 개체는 몸이나 꼬리 깃털의 색이 흰빛을 띠고 남쪽으로 갈수록 짙은 적갈색을 띤다. 분포 지역의 양 끝에 서식하는 개체만 놓고 보면 전혀 다른 모습이지만, 지역 사이에는 중간 색상의 개체가 연속적으로 분포하고 있다.

자연현상 중에 남쪽으로 갈수록 생물의 색이 짙어진다는 글로저 규칙 Gloger's rule이 있다. 쉽게 설명하면 남쪽은 자외선이 강하기 때문에 검은 색을 띠는 멜라닌 색소를 많이 축적한 개체가 살아남기 쉽다는 말이다. 앞서 언급한 코퍼긴꼬리꿩이 이 규칙에 딱 들어맞는다. 그리고 베르그만의 법칙Bergmann's Rule이라는 것도 있다. 북쪽에 사는 개체일수록 몸집이 더 커진다는 이론이다. 추운 곳에서는 체온을 빨리 빼앗기는 몸집이 작은 개체보다 큰 개체가 생존에 유리하기 때문이다. 작은 컵에 담긴 뜨거운 물은 금세 식지만 욕조 안의 뜨거운 물은 잘 식지 않는 경우를 생각하면 된다. 이 법칙을 많은 동물이 따르고 있으며, 지역에 따라 연속적으로 크기와 색깔이 변하는 현상도 자주 볼 수 있다.

반대로, 외형상으로는 큰 차이가 없지만 서로 간의 교배가 불가능한 전혀 다른 집단인 경우도 있다. 이것은 종에 따른 형태의 차이를 말하는 것이 아니라 생물을 분류하기 위해 형태를 활용하는 경우다. 가령 겉모습만으로는 '동종'인 것 같아도 실제로 다른 특성을 가진 집단이라면, 별개의

종의 분류

연구자들 중에는 종을 나누자고 주장하는 쪽과 한데 모으자고 주장하는 쪽이 있다. 이는 몸의 특징이나 서식 지역의 차이를 얼마나 허용하는지에 달려 있다.

참새목

조류 중 최대의 종수를 자랑하는 분류군이다. 까마귀나 종달새도 참새목에 속한다. 덧붙여서 백로는 사다새목, 닭은 꿩목에 속한다. 이런 분류를 보노라면 의외의 사실을 발견하는 재미가 있다.

코퍼긴꼬리꿩

닭목 꿩과에 속하는 조류로 혼슈, 시코쿠, 규슈의 숲 일대에 서식하는 일본 고유종이다. 일본에서는 야마도리 山鳥라고 불리는데, 이는 산에 살아서 붙여진 이름이다.

북극곰

반달가슴곰

말레이곰

베르그만의 법칙

열대 지방에 사는 말레이곰보다 온대 지방에 사는 반달가슴곰의 몸집이 크다. 북극에 사는 북극
곰은 반달가슴곰보다 몸집이 더 크다.

집단으로 구분하는 것이다. 이와 같은 종을 자매종이라고 부르며 곤충이나 식물에 많이 존재한다.

비교적 많은 학자에게 인정받고 있는 방법은 '생물학적 종 개념'에 기초하여 종을 판별하는 것이다. 즉 서로 교배할 수 있는 집단을 동종으로 간주한다. 그러나 이 방법으로도 집단의 차이를 100퍼센트 설명할 수 없다. 예를 들어 오리 중에는 겉모습이 전혀 달라서 다른 종으로 보이는 개체 간에 교배가 이루어지는 일이 있다. 예컨대 청둥오리(실제로는 청둥오리를 길들인 집오리가 대다수이긴 하지만)와 흰뺨검둥오리 사이의 교배가 하천에서 종종 목격되곤 한다.

또한 무성 생식하는 생물은 개체 간의 교배가 필요 없기 때문에 모조리 별종으로 취급된다. 일본에 서식하는 도마뱀붙이[일본어로는 오가사와라 도마뱀] 암컷은 단성생식을 하는 동물이다. 이런 경우는 교배가 가능하다고도 불가능하다고도 말할 수 없다.

고리종이라는 것도 있다. 새가 번식해나가는 모습을 시계의 숫자판으로 비유해보자. 종의 탄생이 1시라면 번식을 통해 2시, 3시…… 12시까지 분포를 넓혀가는 것이다. 서로 인접해 있는 1시와 2시, 2시와 3시 사이에서는 당연히 번식이 가능하다. 그러나 분포를 넓혀나가는 동안 조금씩 성질이 바뀌게 마련이고, 세월이 한참 흘러서 12시와 1시가 만났을 때는 이미 번식이 불가능한 상태가 되어버린다. 여기에 생물학적 종개념을 적용

도마뱀붙이
도마뱀붙이는 오가사와라 제도에 서식하고 있는 파충류 같지만 인위적으로 들여온 외래종이다.

단성생식
단성생식은 수정 없이 번식이 일어나는 것으로, 단성생식을 하는 생물은 꽤 많다. 진딧물은 때에 따라 단성생식과 유성생식이 가능하다. 척추동물 중에는 상어나 코모도왕도마뱀 등이 있다. 조류 중에도 칠면조는 단성생식을 하는 경우가 있는데, 이 경우에는 수컷만 태어난다.

하여 해석한다면 가까운 사이는 번식할 수 있으니 동종이고, 끝과 끝 개체는 다른 종으로 확인된다.

DNA는 기적의 아이템

서로 다른 집단을 종이라는 단위로 구분할 때 형태나 교배 가능성을 기준으로 삼는 방법에는 다소 문제가 있음을 알 수 있다. 그래서 오늘날 표준으로 주목받게 된 것이 DNA를 이용한 분류 방법, 즉 분자 분류다.

DNA는 디옥시리보핵산이라는 물질로, 그 안에 생물의 유전 정보가 내장되어 있다. DNA에는 아데닌, 티민, 구아닌, 시토신 네 종류의 염기 물질이 배열되어 있으며 그 배열에 따라 정보가 달라진다. 이 염기의 배열은 부모에게서 자식으로 이어지지만 세대를 거듭할수록 조금씩 염기가 바뀌면서 배열에 변화가 생긴다. 염기의 배열 변화는 일정한 확률로 우연히 발생하기 때문에 장기간 독립적으로 존속하는 DNA 염기 배열은 독자성이 높을 것으로 추정된다. 즉 같은 집단 안에서 교배가 이루어지면 집단 내의 각 개체는 DNA 염기 배열이 비슷해지게 마련이다. 이와 같은 방법으로 소속된 계통에 따라 종을 구분하는 것이 '계통주의적 종 개념'이다.

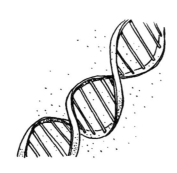

DNA
디옥시리보핵산deoxyribo-nucleic acid. 많은 생물에서 유전정보를 기록하는 물질. 이중나선 구조를 취한다.

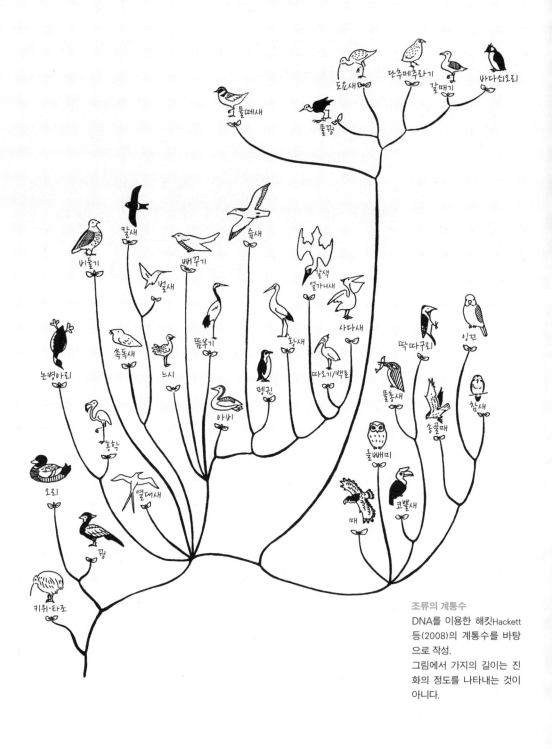

조류의 계통수
DNA를 이용한 해킷Hackett
등(2008)의 계통수를 바탕
으로 작성.
그림에서 가지의 길이는 진
화의 정도를 나타내는 것이
아니다.

실제로 최근 조류학자들 사이에서는 재검토가 시급한 형태학에 기초한 분류법보다 DNA를 이용한 분류법이 장려되는 추세다. 예를 들어 송골매는 매의 한 종류로 취급되어왔지만, 분자 분류법으로 확인해보니 매의 종류가 아니라 참새나 앵무새와 근연종인 것으로 밝혀졌다. 또한 황새의 일종으로 알려진 백로는 DNA 분석 결과 사다새와 근연종이었다. 기존의 형태 분류학으로는 간파할 수 없었던 '남남끼리 닮은' 현상이 여기저기에서 드러나고 있는 것이다.

이처럼 직접 보고 관찰할 수 있는 현존 생물일지라도 종을 판별하는 일은 여간 어려운 일이 아니다.

분자 분류를 이용한 종의 판별
서로 다른 종은 미토콘드리아 DNA의 일부분인 COI 염기 서열이 2퍼센트 이상 다른 경우가 많다. 하지만 예외도 있다. 예를 들어 참새목 딱새과에 속하는 붉은배지빠귀와 아카콧코[학명은 Turdus celaenops]는 몸통의 색이 크게 다르지만 COI 염기 서열의 차이는 0.2퍼센트 이하에 불과하다.

아카콧코

붉은배지빠귀

공룡의 종,
조류의 종

생물을 종 단위로 나누는 일은 상당히 어렵다. 공룡학에서 종은 어떤 개념으로 인식되고 있을까? 공룡의 후손인 조류와는 어떤 차이가 있을까? 이것을 먼저 알아야 공룡에 대해 이야기할 수 있다.

공룡의 종 개념

앞서 현존 생물을 이해하기 위한 종의 개념에 대해 살펴본바, 어느 종이 독립종인지 판단하는 일이 얼마나 어려운가를 알 수 있다. 하지만 새는 대체로 종 구분이 그리 어렵지 않다. 일반적으로 외형의 차이로 종이 구분되는 경우가 많기 때문이다. 참새는 참새고, 타조는 타조다. 일일이 교배 실험을 하고, DNA를 추출하여 조사해야 한다면 탐조探鳥 활동을 할 필요가 있을까?

직관적으로 새의 종을 알 수 있는 것은 피부를 뒤덮고 있는 깃털 덕분이다. 몸에서 깃털을 다 뽑아버리면 종의 구분은 어려워진다. 물론 참새와 타조의 경우는 구분할 수 있지만 근연종인 관계, 예를 들어 참새와 섬참새는 불가능하다. 자, 그럼 근육이나 장기를 제거하고 남은 뼈만으로 조사하는 방법에 대해 생각해보자. 이 경우에는 깃털이 없는 상태보다는 종의

탐조探鳥
망원경, 지도, 관찰 노트만 있으면 누구나 손쉽게 야생 조류를 관찰하며 즐길 수 있는 취미생활이다.

차이를 쉽게 판단할 수 있다. 전신의 뼈가 그대로 남아 있으면 몸의 밸런스나 다양한 형태적 특징을 판단할 수 있기 때문이다.

그럼 뼈를 분리하여 각각의 뼈로 종을 판단한다면? 단번에 난이도가 확 올라간다. 뼈를 잘 아는 사람도 표본이 없으면 종을 식별하기 어렵기 때문이다. 공룡학이란 이런 상태에서 종의 판별이 이루어지고 있는 것이다. 아니, 이보다 더 어려운 현실이라고 할 수 있다. 공룡학에서는 참고할 만한 표본도 도감도 없지 않은가.

공룡학에서 말하는 종이란 형태의 차이로 판단되는 것이다. 예를 들어 다른 개체와의 교배 가능 여부를 화석으로 판단하는 일은 불가능하다. 또한 지금까지 공룡 화석에서 DNA를 추출하는 데 성공한 사례는 단 한 번도 없다. 대부분의 DNA는 즉시 분해되기 때문에 앞으로도 성공 가능성은 미지수다. 공룡 화석에서 얻을 수 있는 것은 오로지 형태와 관련된 정보뿐이다. 앞서 현존하는 조류는 대부분 형태로 구별할 수 있다고 말했다. 그러나 그것은 깃털이나 다른 연부 조직이 있어야 가능한 일이다. 뼈, 그것도 전체가 아닌 일부 뼈의 형태만으로 종을 판단하는 것은 현존하는 생물을 파악하는 것과는 근본적으로 다른 개념이다.

공룡 연구는 일부 뼈의 형태 정보만을 가지고 종을 판별해야 하는 열악한 조건에서 이루어진다. 그래서 공룡 종은 시대마다 각 연구자들의 판단에 따라 바뀌곤 한다. 실제로 많은 화석에 붙여진 이름을 놓고 논의가 벌어지고 있으며, 수정된다.

예컨대 이제까지 볼 수 없었던 새로운 형태의 뼈가 발견되었다고 하자. 이것에 A라는 종명種名이 붙여진다. 그리고 그 뼈는 공룡의 몸통이 아닌 다리에 속한 뼈였다고 하자. 그런데 다른 곳에서 공룡의 팔뼈가 발견되어 B라는 새로운 종으로 기재되었다. 또 나중에 A의 다리와 B의 팔을 지닌

표본
전체를 조사하는 것이 아니라 일부를 조사 대상으로 삼는다. 새로운 생물종을 발표할 때 연구자가 사용한 표본을 기준 표본 혹은 모식模式 표본 type specimen이라고 한다.

도감
공룡 도감에서 참고할 수 있는 것은 삽화뿐이다. 고생물학 화가들은 화석 자료나 현존하는 동물을 참고하여 골격을 맞추고 살과 깃털을 만들어 생존 당시의 모습을 재현한다.

완전한 화석이 발견되었다면 B라는 독립종은 사라지고 A라는 종으로 확정된다. 이렇게 공룡의 세계에서는 다른 종이라고 생각되었던 것이 동종으로 판명되는 일이 종종 일어난다.

생물에는 학명學名, 영명英名, 속명俗名 등 다양한 형태의 이름이 붙는다. 같은 종이라도 영명이나 속명은 여러 개가 붙을 수 있지만, 학명은 학술적으로 사용되는 세계 공통의 명칭이므로 한 종에 하나만 붙일 수 있다. 학명은 국제동물명명규약이라는 규칙에 따라 정해지는데, 같은 종에 다른 이름이 붙는 혼란을 피하기 위해 세계적으로 동일한 규칙으로 종의 이름을 붙이는 것이다.

학명의 명명법으로는 이명법二名法이 사용되고 있다. 공룡의 학명 중 가장 유명한 것은 티라노사우루스 렉스Tyrannosaurus rex다. 앞의 티라노사우루스가 속명屬名이고 렉스가 종소명種小名이다. 이 속명과 종소명을 조합한 것이 종의 학명이다. 즉 이런 경우는 티라노사우루스 속의 렉스라는 종을 나타내는 것이다. 우리가 흔히 '아무개 사우루스'라고 하는 건 사실 이름이 아니라 속명을 부르는 것이다.

다만 일본어(가타카나)로 학명을 표기할 경우에는 혼란을 피하기 위해 학명을 사용하는 의미가 무색해질 때가 있다. 예를 들어 'Citipati'라는 이름의 공룡이 있다. 최근에는 주로 '시치파치'라고 쓰긴 하지만 영어식 발음과 라틴어식 발음이 다르기 때문에 '시티파티'나 '키티파티'라고 소

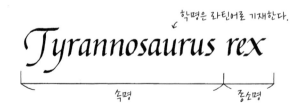

학명은 라틴어로 기재한다.

Tyrannosaurus rex

속명   종소명

티라노사우루스의 학명
티라노사우루스가 속명, 렉스가 종소명이다. 보통 우리는 속명만 부르는 경우가 많다. 하지만 'T-rex'라는 애칭은 종소명까지 포함된 것이다.

개하는 경우도 있다. 물론 같은 공룡을 가리키는 말이지만 이렇게 표기가 다르면 다른 공룡으로 오해할 수가 있다. 조류의 경우는 일본조류학회가 발행하는 목록이나 세계조류학명사전에 체계적으로 정리된 학명이 등재 되어 있다. 공룡학 역시 일반인이 종명을 자주 접할 수 있는 인기 분야인 만큼 가타카나 표기의 통일이 빨리 이루어졌으면 좋겠다.

때로는 브론토사우루스, 때로는……

같은 종에 두 개의 이름이 붙어버리는 경우가 있다. 앞서 언급했듯이 별종이라고 생각했던 것이 동종으로 판명 나는 경우가 그렇다. 이럴 때는 먼저 붙인 이름을 따르는 것이 규칙이다. 국제동물명명규약에서 선취권의 원칙을 따르도록 정하고 있으며, 동종에 붙여진 이명을 '동의어Synonym' 라고 한다. 브론토사우루스가 유명한 사례다. 과거의 공룡 도감에서 이 이름은 빠지지 않고 등장할 정도로 유명했지만 지금은 찾아볼 수 없다. 대신 아파토사우루스라는 이름으로 소개되고 있다. 브론토사우루스라는 이름이 지어진 때는 1879년이고, 아파토사우루스는 1877년에 지어졌다. 이후 브론토사우루스와 아파토사우루스가 같은 종이라는 사실이 밝혀 지는 바람에 1980년대를 지낸 세대에게는 훨씬 익숙한 브론토사우루스 라는 이름이 사라진 것이다.

다른 종으로 여겨지던 것이 같은 종으로 밝혀지는 경우는 종종 발생 한다. 트리케라톱스의 경우가 그렇다. 이 공룡은 1889년에 새로운 종으로 발표되었으며, 머리에 방패 같은 프릴과 뿔이 달린 것이 특징이다. 과거에 는 이 프릴 형태의 차이점을 바탕으로 10여 종의 트리케라톱스속이 등재 되어 있었다. 그러나 트리케라톱스의 프릴 모양은 개체나 나이에 따라 다

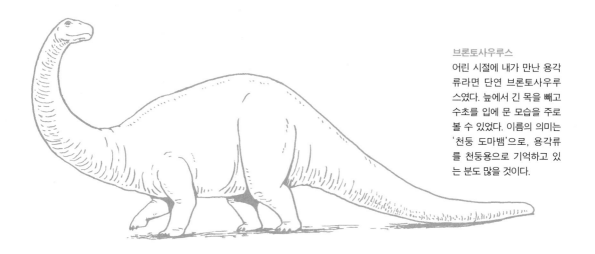

브론토사우루스
어린 시절에 내가 만난 용각
류라면 단연 브론토사우루
스였다. 늪에서 긴 목을 빼고
수초를 입에 문 모습을 주로
볼 수 있었다. 이름의 의미는
'천둥 도마뱀'으로, 용각류
를 천둥용으로 기억하고 있
는 분도 많을 것이다.

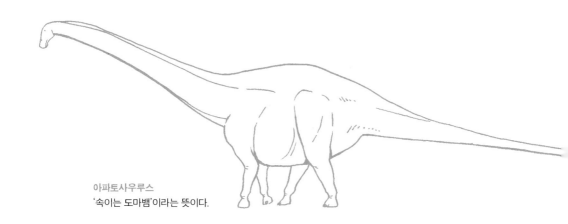

아파토사우루스
'속이는 도마뱀'이라는 뜻이다.

르다는 사실이 밝혀지면서 최근에는 1종 또는 2종으로 통합하는 경우가 많다. 게다가 최근에는 다른 속으로 알려졌던 토로사우루스도 트리케라톱스와 같은 종이라는 연구가 발표된 바 있으며, 어디까지를 동종으로 봐야 하는지에 대한 뜨거운 논의도 진행되고 있다.

이와 비슷한 주장은 수없이 많다. 예를 들어 소형 수각류인 나노티라누스는 어린 티라노사우루스일 것이라는 주장도 있고, 용처럼 머리에 뾰족한 뿔을 가진 드라코렉스나 스티기몰로크는 파키케팔로사우루스의 새끼일 것이라는 주장도 있다. 조류 중에도 새끼일 때와 성장했을 때의 형태가 크게 다른 종이 있다. 남미에 사는 호아친은 새끼 시절에는 날개에 두 개의 발톱이 있는데 성장하면 없어진다. 성조成鳥와 유조幼鳥를 비교하면 확연히 다른 종으로 보이지만 우리는 조류의 성장 과정을 확인할 수 있기 때문에 그런 오류를 범하지 않는 것이다.

암컷과 수컷이 전혀 다르게 생긴 새도 있다. 참매 같은 새는 수컷보다 암컷의 몸집이 훨씬 크고, 코뿔새 종류는 부리 위에 난 돌기 모양이 서로 다르다. 꿩, 코퍼긴꼬리꿩, 닭류는 수컷의 부척跗蹠에만 며느리발톱이 달려 있다. 이처럼 암컷과 수컷의 모양이 다른 새들을 화석과 같은 잣대로 판단하면 다른 종이 되고도 남는다.

이러한 이유로 동의어가 있는 경우에는 오래된 이름이 우선권을 갖지만, 예외도 있다. 국제동물명명규약 제4판 23조 제9항을 보면 우선권 역전이라는 항목이 있다. 다음의 두 가지 조건을 만족하면 관용적으로 사용하고 있는 나중 이름을 사용할 수 있다. 첫째는 오래된 이름이 1899년 이후에 사용되지 않은 경우, 둘째는 새로운 이름이 과거 50년 동안 10년에 걸쳐 10명 이상의 저자에 의해 25개 이상의 저작물에 사용된 경우다.

이 항목이 적용된 종은 티라노사우루스다. 티라노사우루스의 이름은

트리케라톱스의 머리뼈

트리케라톱스의 유체

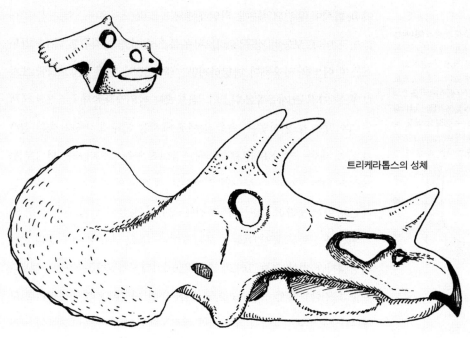

트리케라톱스의 성체

호아친

코뿔새
코뿔새목 코뿔새과의 새. 큰
부리에 뿔 같은 돌기가 나 있
다. 동남아시아의 열대 우림
에 서식한다.

부척
발가락(조류의 손가락)과 발
뒤꿈치 사이

며느리발톱
닭 등 꿩목에 속하는 조류의
다리에서 볼 수 있는 날카로
운 돌기. 수컷끼리 싸울 때
뛰어올라 며느리발톱으로 상
대를 걷어찬다.

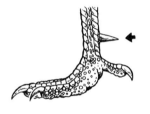

티라노사우루스
최강의 수각류. 백악기 말 북
아메리카에 서식. 거의 완벽
한 표본이 30개 가까이 발견
되었으며 연구자들 사이에서
도 인기가 높아 가장 활발히
연구되고 있는 공룡이다.

1905년 오즈번이 붙였다. 그에 앞서 1892년 마소스폰딜루스라는 공룡이 발표되었다. 그로부터 약 100여 년이 지난 2000년에 충격적인 뉴스가 발표되었다. 마소스폰딜루스가 발굴된 지역에서 1892년에 발굴된 것과 비슷한 화석이 발견되었는데, 확인해본 결과 티라노사우루스와 같은 종이라는 것이다. 보통의 경우 티라노사우루스의 이름을 지우고 마소스폰딜루스의 이름을 사용해야 마땅하지만, 예외 규정에 따라 지금도 티라노사우루스는 티라노사우루스다.

다른 종으로 인식되던 것이 같은 종이 되는 경우와 마찬가지로, 같은 종으로 여겨온 것이 다른 종이 되는 경우도 있을 것이다. 하지만 그러한 사실을 알아내기란 매우 어렵다. 엄연히 다른 종일지라도 공룡학에서는 뼈 모양이 비슷하면 같은 종으로 간주하기 때문이다.

일본에는 붉은해오라기라는 새가 있는데, 혼슈, 규슈, 시코쿠 등의 온대 지방에서만 번식한다. 그리고 붉은해오라기의 근연종인 푸른눈테해오라기는 오키나와에서 동남아시아에 걸친 열대·아열대 지방에서 번식한다. 두 새의 생김새는 매우 비슷하지만 푸른눈테해오라기는 머리가 검은색이라는 차이가 있다. 솔직히 말해서 뼈만 봐서는 그 둘을 구분하기 어렵다. 이들이 화석으로 발견되었다면 온대에서 열대까지의 넓은 범위에 분포하는 동종의 조류로 인식되었을 것이다.

조류는 시각에 의존하는 동물이다. 따라서 그들은 외관의 차이로 서로의 종을 파악한다. 새들은 깃털의 일부만 색이 달라도 서로 다른 종으로 인식해버린다. 공룡은 조류의 조상이기 때문에 조류와 마찬가지로 색을 인식할 수 있었을 것이다. 그렇다면 색이나 모양은 다르되 기본적인 형태는 거의 비슷한 별종이 있을 수도 있다. 현재까지 '같은 종'으로 분류된 공룡 중에는 뼈의 형태가 동일한 '다른 종'이 조류의 경우와 비슷한 비율

로 포함되어 있을 것이다.

공룡학적 불확실성

화석으로 종을 판단하는 일은 왜 어려운 것일까? 생물은 같은 종이라
해도 개체 차이를 지니고 있기 때문이다.

인간마다 차이가 있듯이 공룡도 큰 개체와 작은 개체가 있었을 것이다.
물론 성별의 차이도 있다. 동물의 세계에서는 암수에 따라 크기와 모양이
다른 경우가 매우 흔하다. 또한 나이 차이가 있다. 거대한 공룡이라면 최
대 크기로 성장하기까지 몇 년의 시간이 걸릴 것이고, 성장 시기가 다르
기 때문에 크기도 제각각인 개체가 섞여 있었을 것이다.

이처럼 종과 종 사이의 차이보다 종 내부의 개체 차이가 심한 경우는
드문 일이 아니다. 더구나 몸의 색깔이나 무늬의 차이로 종이 구별되는 경
우라면 뼈 구조의 차이는 크지 않을 것이다.

뼈의 구조가 비슷한 두 공룡을 놓고 같은 종이냐 다른 종이냐 시끄러
운 논박이 벌어지기도 한다. 명확한 기준이 없어 판가름이 어렵기 때문에

단지 어떤 이론이 좀더 그럴듯한가 하는 상대적 논의를 주고받는 것이다. 정답을 알 수 없는 상태에서 어느 쪽이 옳다고 결론짓기란 녹록치 않다.

공룡학에서는 지금 같은 종으로 판단된 개체가 앞으로 다른 종으로 취급될 수 있고, 반대로 지금은 다른 종이라도 앞으로 같은 종으로 취급될 수 있다. 공룡학에서 파악하는 '종'이란 어디까지나 비슷한 뼈의 형태를 가진 개체의 집단에 지나지 않는다. 심지어 뼈의 형태마저 화석화의 과정에서 변형될 수 있고, 무엇보다 전신 골격이 제대로 갖추어진 화석을 발견할 가능성도 희박하다. 따라서 공룡의 종 개념은 현존하는 생물을 대상으로 한 형태학적 종 개념에 비해 많은 모순점을 안고 있다. 결국 현존 생물을 대상으로 말하는 '종'과 공룡학에서 말하는 '종'은 전혀 다른 개념이라고 봐야 한다.

자, 그렇다면 화석에서 발견된 뼈에 종명을 부여하는 것은 헛된 일일까? 결론부터 말하자면, 아니다. 인간은 구분되어 있지 않은 대상은 잘 파악하지 못하기 때문이다. 물론 과학적으로 볼 때 종을 구별하기가 불가능하다면 구분하지 않는 것이 올바른 방법이다. 실제로 종이 아닌 속까지만 정해놓는 경우도 있다. 그러나 모든 개체를 그런 식으로 해버리면 공룡학의 매력은 반감될 것이다.

공룡학에서 종의 판별에 관한 진정한 정답은 영원히 얻을 수 없을지도 모른다. 그러나 조금 더 가능성이 높은 가설을 찾아가는 과정은 공룡학의 발전을 위해 중요한 일이기도 하고, 결론을 손꼽아 기다리는 많은 사람에게는 흥미진진한 일이다. 중요한 것은 공룡의 종을 판단하는 방법은 현존 생물의 경우와 다르다는 점을 이해하는 것이다. 그래야만 공룡 종에 대한 논의가 발생하는 근본적인 배경을 알 수 있으며, 재미있게 공룡학을 즐길 수 있다.

공룡이
새가 되는 날

조류가 공룡에서 진화했다는 것이 이 책의 대전제다. 조류와 공룡의 유연 관계가 어떻게 밝혀지게 되었는지의 과정을 자세히 소개하고자 한다.

우선 파충류부터 시작하자

지금 학자들은 조류가 공룡에서 진화했다고 믿고 있다. 그러나 여기에 이르기까지 순탄치는 않았다. 조류의 공룡 기원설이 의미하는 바는, 조류가 공룡의 한 계통이며 공룡은 멸종하지 않았다는 것이다. 공룡이 살아남았다는 것은 매우 충격적인 사건이 아닐 수 없다. '켄터키프라이드치킨 KFC'은 '켄터키프라이드다이너소어KFD'가 된다.

일본 전통 예능, 노가쿠能樂의 대가로 알려진 제아미世阿弥는 『풍자화전風姿花傳』에서 "꽃은 지기 때문에 아름답다"는 말을 남겼다. 마찬가지로 공룡은 발견 당시부터 멸종된 생물체였기 때문에 신비함을 간직하고 있다. 그런데 이제 와서 멸종하지 않았다고 하기가 쉬운 일인가. 조류의 공룡 기원설이 받아들여지기까지 보수파의 반대 의견이 많았던 것도 사실이다. 공룡의 DNA 추출에 성공한 적도 없고 결정적인 증거도 없었기 때문에 이 논의는 뜨거웠다.

공룡과 조류의 관계를 살펴볼 때 가장 먼저 떠오르는 대상은 당연히 시조새다. 시조새의 화석은 1861년 독일의 어느 시골에서 발견되었다. 시조새는 새처럼 깃털이 있었고, 파충류와 마찬가지로 꼬리에 뼈가 있으며 이빨도 지니고 있었다. 이것이 공룡 기원설의 발단이 되었다. 공룡과 조류가 유연 관계라는 사실을 최초로 발표한 사람은 토머스 헉슬리였다. 그는 1868년에 발표한 논문에서 시조새와 소형 수각류 콤프소그나투스의 골격이 매우 비슷하다는 사실을 지적하며 조류와 파충류의 유연 관계를 암시했다. 토머스 헉슬리는 '다윈의 불독'이라고 불릴 만큼 진화론의 신봉자였다.

헉슬리의 논문이 발표되기 9년 전인 1859년, 찰스 다윈은 진화론을 주장한 『종의 기원』을 출간했다. 이 책에서 그는 계통적으로 근연 관계인 그룹 간에는 중간적 특징을 갖는 종이 있을 것이라고 했다. 그의 이론을 뒷받침할 수 있는 명확한 증거는 발견되지 않았다. 그런 와중에 때마침 토머스 헉슬리가 증거를 발견한 것이다. 1870년 헉슬리는 시조새와 조각류인

시조새
학명은 아르케오프테릭스
Archaeopteryx. 필자와 같은
세대는 시조새를 새와 공룡
의 중간 단계의 생물로 알고
자랐다. 지금의 아이들은 시
노사우롭테릭스를 비롯한
깃털 공룡을 떠올릴 것이다.
이것이 세대 차이다.

힙실로포돈의 뼈를 비교한 결과 뒷다리의 형태가 매우 비슷하다는 사실을 발견했고, 다시금 공룡이 새의 조상이라는 내용의 논문을 발표했다.

그 후 조류와 공룡의 관계에 관한 논의는 100년 동안 지연되었다. 공룡에게서 차골夂骨이 발견되지 않았기 때문이다. 차골이란 좌우 두 개의 쇄골이 융합하여 생긴 V자형 뼈다. 인간에게 쇄골은 샤워할 때 목 아래에 물이 고이게 만들어주는 뼈다. 조류의 특징 중 하나인 차골은 상완골과 흉골을 연결해주는 역할을 하며 유연하게 휘는 성질이 있어 날개의 운동을 돕는다. 공룡에서는 차골도 쇄골도 발견되지 않았다. 그러나 원시 파충류에서는 쇄골이 발견되었기 때문에 공룡이 조반목과 용반목으로 분기되기 이전의 원시적인 파충류에서 조류가 진화한 것으로 판단하게 되었다.

진화론
생물은 불변하는 것이 아니라 진화한다고 주장하는 이론. 진화론에는 자연선택설이나 정향진화설 등의 다양한 가설이 있다.

종의 기원
『종의 기원』 초판본은 시조새가 발표되기 전에 발행되어 시조새에 관한 언급이 없었다. 이후 1869년에 개정 5판을 발행할 때는 토머스 헉슬리의 주장을 바탕으로 조류와 파충류 사이의 중간 개체가 시조새라는 내용이 담겨 있다.

공룡 기원설, 르네상스

1969년 존 오스트롬이 수각류인 데이노니쿠스를 발표하면서 공룡 르네상스가 시작되었다. 또한 그는 새와 수각류의 발목 형태가 공통적인 특징을 지녔다는 사실에 기초하여 수각류 공룡이 새의 조상이라는 주장을 펼쳤다. 원래 조류는 발목을 가로 방향으로 움직일 수 있지만 대부분의 공룡은 구조적으로 이 동작이 불가능하다. 그러나 데이노니쿠스 등의 수각류는 조류와 같은 동작을 할 수 있다는 사실을 밝혀낸 것이다. 그리하여 공룡 기원설 지지자와 반대파 사이에 뜨거운 논쟁이 일었다.

먼저 차골 문제를 해결해야 했다. 이와 관련한 새로운 증거가 잇달았다. 작아서 눈에 잘 띄지 않았던 공룡의 차골이 발견된 것이다. 수각류인 티라노사우루스에서도 V자형의 차골이 발견되었는데, 이러한 모양의 뼈는 새가 되기 전에 진화했다는 사실을 말해준다.

다음으로 문제가 된 것은 1986년에 발표된 프로토아비스의 존재다. 미국 텍사스의 2억2500만 년 전 트라이아스기 지층에서 발견된 프로토아비스는 시조새보다 7500만년이나 앞선 시대에 살았다. 이것이 사실이라면 새가 등장한 시기는 공룡의 등장 시기로부터 그리 멀지 않다. 즉 프로토아비스의 시기가 사실이라면 조류가 공룡의 후손이라고 하기에는 너무 이르기 때문에 이 발표를 둘러싸고 논쟁이 일었다. 오히려 새가 먼저 등장했으며 그중 날지 못하는 개체가 진화한 것이 수각류 공룡이라는 주장이 BCF Birds Come First 측에서 제기되기도 했다. 그러나 프로토아비스의 화석은 단편적이며 조류로 판단하기에는 증거가 충분치 않은 만큼 지금으로서는 두 종의 동물 화석이 섞인 것으로 추정하고 있다. 게다가 트라이아스기의 조류 화석은 발견된 적이 없기에 당시에는 그러한 새가 존재하지 않은 것으로 매듭지어졌다.

그렇다 해도 새가 출현한 시기를 따져볼 때 수각류 기원설은 앞뒤가 안 맞는 구석이 있다. 논의는 계속되었다. 시조새가 발견된 지층은 약 1억 5000만 년 전이고, 조류가 공룡에서 진화했다면 조류와 비슷한 공룡은 그 전에 출현해야 마땅하다. 그런데 존 오스트롬이 조류와 근연 관계라고 주장한 데이노니쿠스는 그로부터 4000만 년이나 지난 지층에서 발견되었다. 1990년대부터 잇달아 발견된 깃털 공룡들도 대부분 시조새 등장 이후인 백악기 시대의 개체로 밝혀졌다. 조류가 공룡에서 진화했다는 이론은 뒤집히고 말았다.

그러나 최근 시조새 이전 쥐라기 후기 지층에서 깃털을 지닌 안키오르니스 헉슬리아이가 발견되자 뒤집혔던 이론이 제자리로 돌아왔다. 또한 조류와 근연 관계가 아닌 계통의 종에서도 깃털이 발견되어 원시 깃털을

지닌 다양한 공룡이 있었다는 사실이 밝혀지게 되었다

　1986년에는 시조새 조작설까지 불거졌다. 이 설을 주장한 사람은 천문학자 프레드 호일로, 시조새의 화석에서 발견된 깃털 흔적은 시멘트 위에 현존하는 조류의 깃털을 찍어서 인위적으로 만든 것이라고 했다. 그러나 시조새 화석의 결정 방법이나 표면 구조가 조작되지 않았음이 밝혀져 이 논란은 가라앉았다.

　공룡 기원설을 반박하는 논의뿐만 아니라 이를 지지하는 연구도 진행되었다. 예를 들어 현존하는 동물 중에서 조류에게만 있는 기낭氣囊이 공룡에게도 있었던 흔적을 발견했다. 기낭은 조류의 몸속에 공기를 넣어 채우는 풍선 구조의 기관으로 조류의 목이나 배, 가슴 등 다양한 곳에 존재한다. 그리고 조류의 몸을 가볍게 하고 호흡의 효율을 높이는 데 도움을 준다.

　트라이아스기에 서식한 수각류 마준가사우루스도 기낭을 지녔던 것으로 보고 있다. 기낭 자체는 얇은 막으로 덮인 부드러운 조직인 탓에 화석

쇄골과 차골
조류의 경우에는 차골이라고 불리며 새가 날갯짓을 할 때 스프링처럼 날개의 동작을 도와준다. 공룡에게서 차골이 발견된 사건은 20세기 공룡 연구의 중요한 전환점이 된다.

프로토아비스
트라이아스기 지층에서 발견된 소형 수각류. 시조새보다 조류에 가깝다.

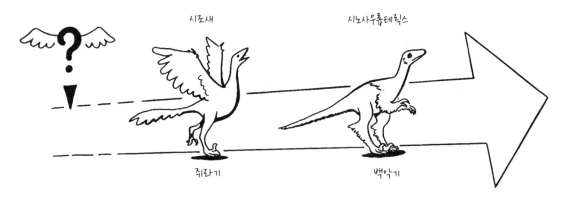

시조새는 깃털 공룡보다 먼저 탄생했다
깃털 공룡이 발견되었지만 시조새는 시노사우롭테릭스보다 앞선 생물체이면서 새와 더 가까운 형태를 지니고 있다. 시조새 이전에 서식한 깃털 공룡은 2010년에 발표되었다.

프레드 호일
참고로, 프레드 호일은 우주
탄생의 빅뱅 이론이나 원시
지구의 바다에 존재하는 유
기물에서 생명체가 태어났
다는 코아세르베이트 설도
정면으로 반박한 인물이다.

의 형태로 남아 있기란 불가능하다. 하지만 마준가사우루스의 척추 뼈 형
태에서 기낭의 존재를 유추해냈다. 또한 남미에서 발견된 타와 할라에 역
시 목에 기낭을 갖고 있었던 것으로 보인다. 타와 할라에는 트라이아스기
에 서식한 원시적인 수각류다. 이러한 증거들을 볼 때 조류로 진화하기 전
부터 공룡은 기낭을 지녔음을 알 수 있다. 다시 말해 조류에게 기낭이 있
는 이유는 공룡의 특성을 물려받았기 때문이다.

　공룡의 DNA를 추출하여 새와 비교하는 연구는 아직 성공하지 못했
다. 그러나 DNA 이외의 분자를 이용한 연구가 진행되고 있다. 그것은 티
라노사우루스의 뼈에서 추출한 콜라겐을 분석하는 것이다. 콜라겐은 단

기낭의 구조

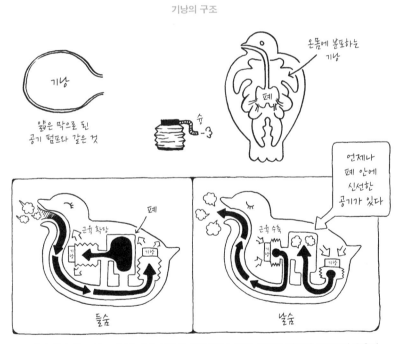

조류의 온몸에 분포하는 기낭은 가스 교환의 효율성을 높인다. 인간을 비롯한 포유류의 호흡과
달리 일방통행으로 공기가 폐로 들어오기 때문에 언제나 신선한 산소를 들이마실 수 있다. 또한
산소가 적은 높은 고도에서도 비행할 수 있다.

백질의 일종으로, 다수의 아미노산을 포함한다. 2007년에 이 아미노산 배열을 분석한 결과, 티라노사우루스는 악어나 도마뱀보다는 닭이나 타조에 가까운 종이라는 사실을 밝혀냈다. 그때 비로소 형태의 유사성에서 벗어나 분자생물학적 방식으로 새와 공룡의 관계가 정리되었다.

세 발가락 문제

사실 공룡과 조류는 앞다리 발가락이 다르다는 큰 차이점이 있다. 이는 공룡 기원설의 유일한 맹점이었으나 2011년에 해소되었다.

원시 수각류인 헤레라사우루스의 앞다리에는 5개의 발가락이 있다. 하지만 그중 네 번째 발가락과 새끼발가락은 퇴화하여 작은 형태로 남아 있다. 좀더 진화한 수각류의 발가락은 세 개로, 퇴화하지 않고 남은 첫째, 둘째, 셋째발가락이다. 한편 새의 날개에는 퇴화한 발가락뼈 세 개가 있다. 닭의 배胚를 연구한 결과 이것은 둘째, 셋째, 넷째발가락인 것으로 추정되었다. 새가 수각류에서 진화했다면 퇴화한 넷째발가락은 부활한 것이고 첫째발가락은 퇴화했다는 미스터리가 되어버린다.

그러나 2011년 도호쿠대학의 다무라 코지 교수의 연구를 통해 그 수수께끼가 풀리게 되었다. 닭의 발가락이 생성되는 과정을 관찰한 결과 처음에 발가락의 원형세포가 둘째, 셋째, 넷째발가락 위치에 생겨났다가 중간에 첫째, 둘째, 셋째발가락 위치로 이동하여 발가락이 생성되는 것으로 밝혀졌다. 즉 조류의 세 개 발가락도 공룡과 같은 첫째, 둘째, 셋째발가락이었다는 사실을 확인한 것이다. 이로써 최대 모순점이 해결되자 조류가 공룡에서 진화했다는 공룡 기원설이 널리 확산되기 시작했다.

그런데 조류와 공룡이 유연 관계라는 것에는 어떤 의미가 있을까? 추

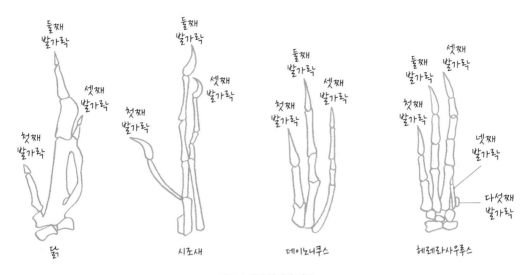

공룡과 새의 발가락 비교

원시 공룡 헤레라사우루스는 퇴화 형태의 넷째, 다섯째발가락을 갖고 있다.
하지만 데이노니쿠스, 시조새, 닭은 두 개의 발가락이 완전히 퇴화하여 사라졌다.

운 겨울 저녁 가족이 둘러앉아 백숙을 먹는 모습을 상상해보자. 아버지
는 아들에게 백숙을 가리키며 "이것은 공룡이다"라며 말을 걸 수 있다.
가족 간의 대화가 풍성해지고 아버지의 인기가 올라간다. 세계 평화로 이
어질 수 있다는 의미다. 하지만 이것이 전부가 아니다. 현존하는 조류는
그 생태 과정이나 생김새 등을 관찰할 수 있다. 하지만 공룡은 아주 운 좋
은 경우를 제외하고는 기본적으로 뼈의 형태에 관한 정보밖에 알 수 없
다. 따라서 조류가 공룡과 같은 계통이라면 현존하는 조류 관찰을 통해
공룡의 생태를 유추할 수 있다.

계통 관계가 명확해지자 이제 우리는 "조류는 공룡이다"라 말할 수 있
게 되었다. 그러나 공룡의 생태를 파악할 때는 반대로 "공룡은 조류다"라
고 가정한다. 아직 공룡에 대해 알려진 사실이 많지 않으니 조류를 통해

유추할 수밖에 없기 때문이다. 이것이야말로 이 책의 주제이자 앞으로의 대전제다. 혹시 이 대전제에 동의하지 않는 독자는 지금이라도 늦지 않았으니 마당에서 키우는 염소에게 이 책을 먹이로 던져주시라.

다시 소리 높여 외쳐보자. "공룡은 새와 똑같다!"

염소

유네스코 세계자연유산인 오가사와라 제도를 비롯하여 다양한 섬 지역에서는 인간이 들여놓은 염소가 말썽이다. 염소가 여기저기 돌아다니면서 나무 밑동의 풀을 먹어치우는 바람에 흙이 노출되고 땅이 황폐해진다. 염소에게 죄를 물을 순 없지만 환경 문제로 이어지고 있다.

깃털 공룡이
말해주는 것

깃털 공룡이 발견되면서 조류와 공룡의 유연 관계가 강력한 지지를 받게 되었다. 지금은 모두가 아는 상식에 가깝다. 그러나 깃털 공룡이라는 존재가 지닌 영향은 단지 이 정도로 그치지 않는다.

예상범위 안, 예상범위 밖

깃털 공룡은 공룡학에 큰 충격을 주었을 뿐만 아니라 조류학에 끼친 영향도 크다. 어쨌든 공룡과 조류 사이의 경계선은 모호해진 셈이다. 눈앞에 조류 직전의 공룡과 공룡 직후의 조류가 있다면 어느 쪽이 새인지 구분하기 힘들 것이다.

그러나 깃털 공룡의 발견은 예견된 것이다. 깃털 공룡의 발견 이전부터 조류와 공룡의 유연 관계 가능성이 지적되었고, 조류가 공룡에서 진화한 것으로 인정된 마당이니 발견이 늦고 빠름을 떠나 깃털 공룡의 등장은 당연한 일이다. 물론 발견에 성공하기까지 얼마나 많은 연구자의 노력이 있었을지는 상상조차 하기 힘들다. 끝까지 포기하지 않고 발견에 성공한 데 경의를 표하며, 감히 예측을 현실로 증명한 사례라고 말하고 싶다.

깃털 공룡의 발견은 두 가지의 놀라운 성과를 가져왔다. 그것은 깃털의

1장 _ 공룡은 이윽고 새가 되었다

위치와 깃털 색을 알게 된 것이다.

지금의 새는 앞다리에 비행시 사용하는 깃털, 즉 날개깃이 붙어 있다. 그러나 그 인식을 뒤바꾼 것이 미크로랍토르 구이다. 미크로랍토르 구이는 중국의 백악기 전기 지층에서 발견된 드로마에오사우루스류의 소형 공룡으로, 2003년에 새로운 종으로 등재되었다. 이 공룡은 앞다리뿐만 아니라 뒷다리에도 날개깃이 붙어 있어 총 4개의 날개가 달린 셈이다. 새의 앞다리는 날기 위한 것이고 뒷다리는 걷기 위한 것임은 초등학생도 아는 상식이다. 그런데 아이가 다리에 날개가 달린 새를 그렸다면? 부모는 주저 없이 나무라면서 "요즘 애들은 밖에서 놀 기회가 없어서 탈이야"라며 사회문제화할 것이다.

미크로랍토르 구이는 진화의 역사에 길이 남을 실험체일지도 모른다. 긴 진화의 역사에서 다양한 구조의 개체가 태어나지만 그 시대 환경에 적응하지 못한 개체는 진화의 흐름을 따라 사라지고 만다. 미크로랍토르 구이도 수많은 시제품 중의 하나였으리라고 모두들 생각했다. 하지만 네 개의 날개는 미크로랍토르에서 끝나지 않았다.

2005년 페도펜나가 발견되었다. 쥐라기 후기의 공룡으로 시조새의 조상에 가깝다. 이 화석에서는 다리만 발견되었지만 이 다리에는 5센티미터가 넘는 깃털이 붙어 있었다. 2009년에도 쥐라기 후기 지층에서 안키오르니스 헉슬리아이가 발견되었다. 이 화석의 뒷다리에서도 날개깃이 발견되었다. 그 밖에 시노르니토사우루스와 미크로랍토르 자오이아누스, 시조새, 에난티오르니스류도 뒷다리에 긴 깃털이 있었다.

여러 깃털 공룡과 원시 조류에서 네 개의 날개를 지닌 흔적이 확인된 것이다. 이것은 두 개의 날개로 진화되기 전에 네 개의 날개를 지닌 새가 존재했다는 가능성을 제시하는 증거다.

예상 범위 안의 발견
이렇게 말하는 필자는 방금 전까지 사용하던 가위를 잃어버렸고, 어딘가 KURE5-56 윤활제가 있음을 알면서도 찾지 못해서 결국 4개를 다시 구입하는 인간이다. 그런 내가 깃털 공룡의 발견이 예견된 일이라고 말하다니, 참으로 민망스럽다. 진심으로 사과하고 싶다.

중국 백악기 전기의 지층
중국 랴오닝성에 있다. 그 후
미크로랍토르는 또 다른 지
역에서도 발견되었다.

사회문제화
맞는 말 같긴 하지만 본질적으
로 그렇지 않은 경우가 많다.

말할 것도 없이 뒷다리의 날개깃이 무슨 역할을 하는지에 큰 관심이 쏠렸다. 이에 대해 공기역학적 관점의 가설이 몇 가지 제시되었다. 예를 들자면 복엽기複葉機 설이다. 네 날개를 수평으로 쫙 펼치는 식이 아니라 뒷다리 날개를 앞다리 날개 밑에 배치하여 복엽기처럼 2단 모양으로 펼친다는 설이다. X윙 설도 있다. 이것은 옆으로 펼쳐진 앞날개에 뒤집힌 V자 모양으로 뒷날개를 펼치는 자세다. 정확하게는 X가 아니라 ⊞ 모양이다.

현존하는 조류 가운데 네 개의 날개가 달린 종은 없기 때문에 어떤 방법으로 나는 것이 효율적인지는 확인할 수 없다. 알 수 있는 것은 네 개의 날개가 선택되지 않고 두 개의 날개가 자리 잡았다는 것이다. 네 개의 날개를 가지고 효율적으로 날 수 있었다면 그쪽으로 진화했을 것이다. 그러나 더 이상 나아가지 않았으니 어떤 단점이 있었을 것이다. 걸어 다닐 때 방해가 되었을 수도 있고, 날 때 저항을 많이 받았을지도 모른다.

하지만 잠깐이나마 네 개의 날개 형태가 있었다는 것은 그 시점에 어떤 장점을 발휘했음을 뜻한다. 하늘로 날아오른 지 얼마 안 된 시기에는 앞다리 날개도 아직 비행에 최적화되어 있지 않아서 뒷다리 날개의 도움이 필요했을 것이다. 그 후 앞다리 날개의 효율성이 높아지면서 자연히 뒷

X윙 미크로랍토르   복엽기형 미크로랍토르   복엽기

다리 날개의 역할이 줄어들게 되었을 것이다.

네 개의 날개는 선풍기 모양을 만들 수 있다. 사지 관절이 매우 유연하여 좌우 날개를 전후 대칭으로 만드는 것이다. 이 상태로 날아오르면 수리검[일본의 표창. 닌자의 무기]처럼 회전하면서 비행할 수 있다. 아직까지는 가메라와 아담스키형 UFO만 이 회전 비행을 사용하고 있다. 독자 중에 물리학 전공자가 있다면 미크로랍토르가 이 회전비행 기법으로 날 때 어떤 구조였을지 꼭 연구해보길 바란다.

날 수 없는 날개는 그냥 깃털이다

깃털의 중간축을 깃축, 양측의 평면을 깃가지라고 하고, 이 구조로 된 깃털이 참깃이다. 그리고 참깃의 구조를 띠지 않은 솜털깃이나 실털깃 같은 것도 있다. 평면 구조인 날개깃은 비행에 적합하지만 때로는 치장용으로 쓰이기도 한다.

에피덱시프테릭스는 쥐라기 시대의 수각류다. 이 공룡은 비행을 위한 깃털은 없었지만 꼬리에 네 개의 긴 깃털이 달려 있다. 몸의 길이가 총 40센티미터인데 그 절반인 20센티미터가 꼬리에 속한다. 마땅히 꼬리 깃털만으로는 날 수 없기 때문에 치장용으로 이야기되고 있다.

또한 백악기 후기의 수각류 오르니토미무스는 성체의 앞다리 뼈에서 참깃이 달렸을 것으로 보이는 증거가 확인되었다. 오르니토미무스는 조류와는 먼 계통이기 때문에 날지는 못했을 것으로 보인다. 또한 유체에는 참깃의 흔적이 보이지 않아 성체에서만 치장이나 번식용으로 날개가 사용되었다고 보고 있다. 다만 성체에서 발견된 것은 깃털이 붙는 깃혹의 흔적이지 날개깃 자체는 아니다. 깃혹이 무엇인지 궁금하다면 술집에 가서

가메라
일본 다이에이 영화사가 연출한 괴수 영화 「가메라」 시리즈에 등장하는 가상의 생물. 최초 등장은 1965년. 거북이를 모티프로 만들어졌으며 어린이와 한편이다. 1995년에 헤이세이 3부작으로 부활. 괴수 영화의 금자탑이다.

아담스키형 UFO
조지 아담스키George Adamski의 이름을 딴 미확인 비행물체.

물리학
같은 이과라도 생물학자 중에는 물리학을 잘 모르는 사람이 많다.

깃털의 구조

일본청딱따구리 앞다리의 깃혹

치킨을 시킨 뒤 뼈를 살펴보면 알 수 있다. 뼈 없는 치킨은 뼈를 발라내기 때문에 확인이 불가능하다.

이 오르니토미무스의 연구를 통해 조류와는 관계가 먼 날지 못하는 공룡에게도 날개가 있었음이 밝혀졌다. 그리고 그 날개는 비행을 위해서가 아닌, 치장용이나 알 품기 등의 번식용이라는 상상을 할 수 있게 되었다. 비행용이든 치장용이든 날개 공룡의 화석은 이제 막 발견이 시작된 단계다. 향후 발견될 새로운 화석이 날개 진화의 과정을 보여줄 것이다.

날개의 색

깃털 공룡이 가져온 또 하나의 큰 성과는 공룡의 색깔을 알게 해준 것이다. 새의 깃털 색깔은 색소나 구조색에 의해서 나타난다. 깃털에 포함된 주요 색소는 멜라닌, 카로티노이드, 포르피린이다. 멜라닌은 검정이나 갈색, 카로티노이드는 빨간색이나 노란색, 포르피린은 녹색이나 다홍색을 띠게 한다. 최근 연구에서는 전자 현미경으로 깃털 화석을 관찰하여 멜라닌 그리고 세포 소기관인 멜라노솜을 발견했다. 멜라노솜에도 종류가 있다. 유멜라노솜은 검정이나 회색, 페오멜라노솜은 적갈색이나 황색을 띠게

안키오르니스
중국 랴오닝성의 쥐라기 후기 지층에서 발견된 수각류 공룡이다. 2010년 색깔 복원에 성공하여 공룡계의 큰 주목을 받았다.

한다.

첫 번째 성과는 시노사우롭테릭스였다. 가장 먼저 확인된 깃털 공룡이 기도 한 이 소형 수각류를 전자 현미경으로 관찰한 결과, 꼬리까지는 적갈색이고 꼬리에 흰색 줄무늬가 있었음을 알 수 있었다. 안키오르니스는 몸통 전체의 색깔을 복원하는 데 도전하고 있다. 역시 멜라노솜을 이용하여 연구한 결과 흑백 줄무늬 날개와 적갈색의 볏을 지녔을 것으로 밝혀졌다. 또한 미크로랍토르에서는 유멜라노솜이 가지런히 배열되어 있어 광택을 띠었을 것으로 보인다. 이러한 성과는 엄청난 결과로 이어졌다. 무엇보다 공룡 도감 안에 일부 종이나마 일관된 형태의 공룡이 그려지게 되었다. 일찍이 없었던 큰 발전인 셈이다.

지금까지 알려진 공룡의 모습은 거의 상상에 의존한 산물이었다. 피부나 피부의 흔적이 노출된 일부 공룡 화석을 제외하고는 외관의 상태를 추정할 수 없었다. 어디에 어떤 비늘이 있었는지 알 수 없기 때문에 도감마다 공룡의 모습이 다르게 그려지곤 했다. 이런 와중에 깃털 공룡이 큰 변화를 가져온 것이다. 깃털의 발견을 통해 외관 형태를 알게 되었으며, 멜라노솜으로 색깔까지 알게 되었다.

하지만 아직 방심할 수 없다. 지금까지 확실히 밝혀진 사실이라곤 유멜라노솜과 페오멜라노솜의 존재와 그 배열 방식이다. 새의 깃털 색에 관여하는 요소는 멜라닌 외에 다른 것도 있다. 예를 들어 깃털 표면의 특수한 미세구조 때문에 날개가 특정 빛을 반사하여 나타내는 구조색이라는 것도 있다. 물총새가 파랗게 보이는 것이 이 현상 때문인데, 공룡도 이러한 구조를 갖고 있는지는 아직 발견되지 않았다. 또한 조류는 종종 피부색을 이용하여 자신을 치장한다. 빨간색의 닭 볏은 혈관이 피부로 비친 결과다. 피를 빼낸 요리용 닭을 보면 볏의 색깔이 희다는 것을 알 수 있다. 저녁식

사 전에 한번 시험해보기 바란다. 공룡도 이런 방식으로 발색한다면 화석으로는 그 사실을 알아내기가 거의 불가능하다.

깃털 공룡의 연구는 시작 단계에 불과하다. 지금까지 얻은 성과는 일부분이며 앞으로의 잠재 가능성은 무궁무진하다. 10년에 걸친 깃털 공룡의 발견은 기대 이상의 결과를 가져왔으며, 향후 얼마나 많은 연구 발전이 펼쳐질지 벌써부터 설렌다. 22세기쯤에는 모든 공룡 도감의 그림이 통일되는 엄청난 성과를 이루지 않을까 싶다. 하지만 여러 도감을 비교해보는 재미가 줄어든다는 건 살짝 섭섭한 일이다.

지금으로부터 150년 전, 시조새가 발견되었을 때만 해도 조류와 공룡이 이렇게 밀접한 관계일 줄은 상상도 할 수 없었다. 그러나 학자들이 끈질기게 연구한 결과 조류가 공룡에서 진화했다는 이론은 의심할 수 없는 정설이 되었다. 지금 이 순간에도 깃털 공룡은 연구되고 있으며 공룡 기원설에 힘을 실어주고 있다. 이 둘의 관계가 명확히 밝혀진 지금, 공룡학이 얼마나 크게 발전할지 기대된다.

섭섭함
과학의 발전은 낭만 대신 비정함을 안겨준다. 마치 동창회에서 수십 년 만에 만난 첫사랑처럼.

2장

조류는
하늘의 정복자가
되었다

조류는 공룡에서 진화했다. 이 사실은 단순히 계통 관계를 재정립했다는 것 이상의 의미를 지닌다. 이제는 조상인 공룡의 모습을 참고하여 조류를 파악할 수 있다. 이 장에서는 공룡과의 차이점을 통해 조류의 진화를 해석하고자 한다.

새답게 만드는 것

새는 우리가 가장 가까이에서 접할 수 있는 야생동물이다. 그러나 가장 가까운 새인 닭으로부터는 새의 진정한 모습을 보기 어렵다. 지금부터 비행에 최적화된 조류의 신체 구조를 알아보자.

새는 날개가 있다

새의 가장 큰 특징은 하늘을 난다는 것이다. '날지 못하는 새도 있다'는 비판으로 찬물을 끼얹지 말기를 바란다. 여기에서는 새를 새답게 만드는 몸의 특징을 알아보도록 하겠다.

새의 몸은 날 수 있도록 만들어져 있다. 무엇보다도 날개가 있다. 새의 날개는 앞다리로, 인간의 몸으로는 팔에 해당하는 부분이다. 천사는 팔이 아닌 등에 날개가 있기 때문에 천사의 날개와 새의 날개는 기원이 다른 기관이다. 아마 견갑골 부근이 날개로 진화한 새와 닮은꼴일 것이다. 이처럼 비슷한 기능을 하는 기관이 비슷한 형태로 진화하는 것을 '수렴진화'라고 한다. 사모트라케섬에서 발견된 승리의 여신 니케의 조각상을 보면 팔은 없고 날개만 달려 있다. 이것이 새의 날개와 같은 것이 아닐까 생각했지만 사실은 팔 부분이 부러졌을 뿐이었다. 곰곰이 생각해보면 인간 형태의 날개 달린 생물 가운데 팔 대신 날개만 지닌 것은 거의 없다. 덴구天狗, 가릉빈가, 데빌도 팔과 날개를 갖고 있다. 날개만 지닌 것은 겨우 그리스 신화에 나오는 괴물 하르피아이 정도다. 양쪽 다 갖고 싶은 게 인간의 욕심이다.

효율적인 비행을 위해서는 몸이 가벼워야 한다. 따라서 새의 몸은 최대한 가볍게 되어 있다. 예를 들어 새의 다리는 매우 가늘다. 새는 인간으로 치면 까치발로 걷는 모양새다. 또한 발뒤꿈치부터 발끝까지는 근육이 거의 없고 뼈만 유지한 상태다. 새의 발가락은 다리 근육의 힘줄로 작동하기 때문에 발끝에는 근육이 없다. 발끝뿐만 아니라 허벅지와 정강이도 날씬한 여성 뺨칠 정도다. 날개도 가슴 근육으로 움직이기 때문에 날개에도 근육이 거의 없다.

"잠깐! 믿을 수 없어. 정육점의 닭고기를 보라구"하고 말할 분도 있을지 모르겠다. 물론 우리가 늘 접하는 닭고기는 리얼한 새의 육체라 할 수 있다. 허벅지 살은 크리스마스 요리에 빠질 수 없고, 날개는 우리 집의 단골 어묵 재료다. 물론 날개 튀김도 맛있다. 어쨌든 살이 많은 것은 사실이다. 하지만 그것은 닭고기의 특징이지 새의 특징은 아니다. 닭은 우리와 가장 친숙한 새지만 일반적인 새와는 달리 품종 개량으로 근육량을 늘렸다. 무엇보다 그들은 하늘을 날지 못한다. 따라서 하늘을 나는 생물의 특징이 없을 뿐만 아니라 비행을 생업으로 하는 조류의 대표로 적합하지 않다. 닭은 새 중에서 우리와 가장 친숙하지만 가장 돌연변이 같은 존재인 것이다.

자, 그렇다면 새 고기의 색깔을 떠올려보자. 닭고기는 옅은 핑크색이지만 다른 새는 어떨까? 미식가라면 오리 고기나 비둘기 고기 등을 떠올릴 것이다. 그리고 그 색깔이 분홍색이 아니라 붉은색임을 깨닫게 될 것이다.

날개
조류 또는 비행기의 앞다리에 달려 있는 비행 기관. 박쥐의 손도 날개로 불린다.

수렴 진화
돌고래, 상어, 어룡이 물고기를 사냥하기 위해 비슷한 생김새로 진화한 경우다. 식충 식물인 사라세니아, 벌레잡이풀, 선인장과와 대극과의 다육식물 등 다양한 생물에서도 볼 수 있다.

니케

하르피이아이

니케
니케는 그리스 신화에 등장
하는 승리의 여신이다. 나이
키 브랜드도 니케에서 유래
되었다. 에게해의 사모트라
케섬에서 발견된 니케의 조
각상은 유명하다.

하르피이아이
'하피'라고도 불린다. 그리스
신화에 등장하는 반인반조半
人半鳥 괴물이다.

새는 하늘을 난다. 하늘을 날기 위해서는 에너지가 필요하고 그 에너지를 발생시키기 위해서는 산소가 필요하다. 근육에는 미오글로빈이라는 혈색소와 비슷한 붉은 색소가 있다. 미오글로빈은 산소와 결합하여 저장하는 성질이 있다. 하늘을 나는 새의 근육에는 많은 미오글로빈이 함유되어 있기 때문에 비행에 필요한 산소를 축적할 수 있고, 그 때문에 근육 색깔이 붉다. 먼 거리를 회유하는 참치의 근육이 붉은 것과 같은 이치다. 하늘을 날지 못하는 닭은 미오글로빈이 그다지 필요하지 않기 때문에 고기의 색도 옅다. 하늘을 나는 새는 근육의 색이 빨갛다는 사실을 기억해두기 바란다.

그렇다면 닭 이외에 날지 못하는 새는 어떨까? 다들 궁금할 것이다. 타조 고기는 붉은색이다. 그들은 날지 못하지만 빨리 달리기 때문에 근육에 미오글로빈이 많다. 그렇다면 펭귄은? 역시 짙은 붉은색을 띤다. 산소가 없는 바다 속에서 장시간 헤엄쳐 다니기 때문에 날 때보다 더 많은 산

어묵 단골 재료
간토 지방의 어묵은 생선살을 주재료로 하지만 간사이에서는 소 힘줄이나 날개 등으로 만든 육류 어묵을 볼 수 있다. 맛이 아주 좋다.

닭고기
우리가 먹는 닭고기의 주요 부위는 그림과 같다.

닭
꿩과의 조류. 동남아시아에 서식하는 적색야계를 개량한 것으로 알려져 있다. 오골계, 차보종 등 다양한 품종으로 개량되었다. 유명한 '브로일러'는 원래 품종 이름이 아니라 육성법의 종류다.

소가 필요한 법이다. 즉 닭고기가 옅은 색을 띠는 이유는 날지 않을 뿐만 아니라 힘든 운동을 하지 않기 때문이다.

몸이 가벼운 데는 이유가 있다

새가 몸이 가벼운 가장 큰 이유는 뼈 때문이다. 우선 새는 뼈 자체가 많지 않다. 예를 들어 새 다리에서 발뒤꿈치와 정강이뼈 사이의 부분(부척)을 살펴보자. 인간이라면 뒤꿈치부터 발가락 사이에 발목뼈나 발등뼈 등 많은 뼈가 존재한다. 그런데 새의 부척은 이들 뼈가 유합하여 하나로 되어 있다. 그래서 조류의 다리는 인간만큼 복잡하게 움직일 수는 없지만 뼈의 수를 줄여 몸을 가볍게 해준다.

뼈의 유합은 몸을 가볍게 해줄 뿐만 아니라 뼈를 견고하게 만들어주기

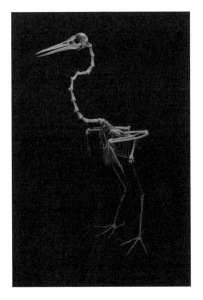
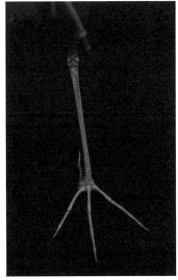

백로의 부척 뼈

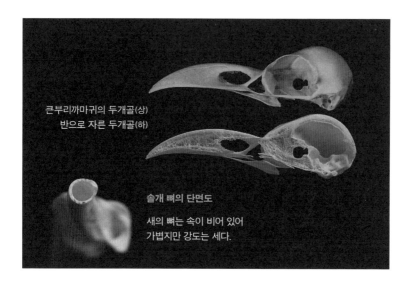

큰부리까마귀의 두개골(상)
반으로 자른 두개골(하)

솔개 뼈의 단면도
새의 뼈는 속이 비어 있어
가볍지만 강도는 세다.

도 한다. 가늘고 작은 뼈로 나뉘면 각각의 뼈는 약해지지만, 유합하여 하나가 되면 굵고 튼튼한 뼈가 된다. 왠지 교훈적인 말 같다. 뼈가 생략된 부분은 부척뿐만이 아니다. 허리의 척추는 유합하여 복합천골이 되어 있다. 손목부터 손끝까지 연결된 뼈들도 유합하여 수근 중수골이라는 튼튼한 뼈로 변했다. 즉 새의 몸은 뼈의 수를 줄임으로써 경량화와 견고성을 도모하도록 설계된 것이다.

새의 몸이 가벼운 데는 또 다른 이유가 있다. 뼛속이 비어 있기 때문이다. 인간의 상완골을 잘라보면 뼈의 벽 자체가 두껍고 그 안쪽에는 골수가 차 있어서 결국 묵직해진다. 그러나 새의 상완골은 기본적으로 벽이 얇고 속이 비어 있다. 게다가 이 뼛속에는 기낭이 들어 있다. 기낭은 몸속의 풍선 같은 것으로, 목이나 배 등 여기저기에 존재한다. 얇은 막 내부에 공기를 채워 넣을 수 있어 새의 몸을 가볍게 해준다.

실험실에 있는 분홍펠리컨의 상완골 무게를 재보았다. 32센티미터에

코뿔새
동남아시아 숲에 사는 새.
암수 모두 선명하고 큰 부리
를 갖고 있다.

42그램이었다. 이에 반해 멧돼지의 상완골은 17센티미터에 113그램이었다. 새의 뼈가 얼마나 가벼운지 알 수 있을 것이다.

부리 또한 가벼움에 한 몫 한다. 큰부리까마귀의 두꺼운 부리 단면을 보면 역시 속이 비어 있고 스펀지 모양의 해면골만 들어 있다. 코뿔새는 부리 위에 코뿔소 뿔을 연상케 하는 큰 돌기가 있는데 이것 역시 속이 텅 비어 있어서 가볍다. 새는 어깨 결릴 걱정은 없을 것 같다.

성장하는 새, 성장하지 않는 인간

새의 특징은 그들의 성장 과정에 숨어 있다. 새는 알을 낳는다. 이 특성은 하늘을 나는 데 유리하다. 난생은 수정란을 몸 밖으로 배출하여 몸을 빨리 가볍게 할 수 있기 때문이다. 새가 태생이었다면 꽤 고생했을 것이다. 태생은 새끼가 어느 정도 클 때까지 뱃속에서 성장시킨 다음 밖으로 내보내기 때문에 무거운 몸으로 지내는 기간이 길다. 따라서 비행에 불편을 겪게 마련이다. 실제로 박쥐는 난생이 아니라 태생이기 때문에 여러모로 불리한 점이 많을 것이다.

새의 성장 과정에서 중요한 특징은 빠른 속도다. 예를 들어 동박새는 알에서 부화한 지 2주 만에 부모와 같은 크기로 자란다. 그들의 수명을 5년이라 치고 인간의 수명을 80년으로 쳤을 때 환산하자면 인간이 8개월 만에 성인 크기로 자라는 것이다. 성장이 빠르다는 것은 비행의 측면에서 유리한 특성이다. 새는 충분한 크기로 자라기 전까지는 날 수 없고, 날지 못하는 기간이 길수록 포식자로부터 공격 받을 확률이 높기 때문이다. 그래서 성체를 향하여 계단을 두세 계단씩 뛰어올라야 한다. 참고로 미나미다이토섬에서는 동박새가 생후 반년 만에 번식한 예도 있다. 인간으로 치면 여덟 살이다. 여하튼 새의 성장은 매우 빠르다는 것이다.

조류의 진화는 중력과의 싸움의 역사다. 전신을 덮는 깃털, 뼈 없이 깃털만으로 이루어진 꽁지 역시 비행과 깊은 관계가 있다. 새는 깃털 덕분에 날개를 발달시킬 수 있었고, 꽁지로 비행 자세를 조절하고 몸을 더 가볍게 만든 것이다. 부리와 이족 보행도 새의 특징이다.

오늘날의 동물을 대상으로 비교해보면 새는 여느 동물과 전혀 다른 특성을 갖고 있다. 그래서 사람들은 새를 새로 인식하고 구분할 수 있는 것이다. "날개가 있고 고기에 미오글로빈이 많고 뼈가 가볍고 알을 낳고 성장이 빠르고 깃털이 있는 것은 무엇일까?"라고 물으면 누구든 새라고 답할 수 있다. 함정이 있지 않을까 의심스러울 정도로 쉬운 문제다.

그런데 새의 조상이 공룡이라는 사실이 밝혀지면서 새만의 유일한 특성이 불명확해졌다. 어느 날 갑자기 공룡에서 새 형태로 바뀐 게 아니기 때문이다. 새는 오랜 시간에 걸쳐 각각의 특징을 진화시켜왔다. 따라서 전형적인 공룡과 전형적인 조류 사이에는 틀림없이 지속적인 변화가 있었을 것이다. 이처럼 진화의 중간 단계가 있기 때문에 새의 유일한 특성을 따지는 것은 별 의미가 없다.

이제 새의 다양한 특징이 어떻게 진화해왔는지를 알아보도록 하겠다.

불리함이 많은 생활
박쥐는 평소 거꾸로 매달려 머리를 아래로 향하고 있다. 새끼를 낳을 때도 거꾸로 매달려 새끼를 낳는다. 작은 박쥐는 주로 동굴에 새끼를 두고 먹이를 잡으러 가지만 큰 박쥐는 새끼를 안은 채 날아다닌다고 한다.

깃털 공룡이라도
반드시 날 수 있는 것은 아니다

초기의 깃털은 원래 날기 위한 것이 아니었다. 지금처럼 복잡한 형태도 아니었다. 깃털은
공룡에 어떤 이점을 주었으며 어떤 진화를 거쳐 날 수 있게 되었는지 알아보자.

케라틴
유황 성분이 함유된 단백질
의 일종이다. 소나 코뿔소의
뿔도 케라틴으로 되어 있다.

깃털이 진화한 원인은 무엇일까?

새를 가장 돋보이게 해주는 것은 무엇일까? 날개는 박쥐에게도 있다.
부리는 물고기 중에서 비슷한 입을 가진 녀석이 있다. 이족 보행은 인간도
한다. 알은 오리너구리도 낳는다. 결국 새만 지니고 있는 유일한 특성은
뭐니 뭐니 해도 깃털이다.

깃털은 케라틴이라는 단백질로 되어 있는데, 인간으로 치면 머리카락
이나 손톱을 이루는 구성 성분이다. 깃털은 파충류의 몸을 덮고 있던 비
늘과 기원이 같다고 할 수 있다. 지상을 뛰어다니는 타조나 바다를 헤엄
쳐 다니는 펭귄도 깃털이 있다. 깃털 없는 새는 없다.

깃털은 무엇보다도 비행에서 빠질 수 없는 중요한 기관이다. 날개 중에
서 길고 큰 날개깃은 가볍고 견고해서 날갯짓이나 하늘로 날아오르는 양
력을 극대화하여 자유롭게 날아다니는 원동력을 제공한다. 즉 현존하는

새에게 깃털은 하늘을 날기 위해 없어선 안 될 도구다. 깃털은 조류만의 독특한 기관이라 여겨왔기 때문에 머나먼 과거에 공룡에게도 깃털이 있었으리라고는 상상할 수 없었다. 그러나 새의 조상인 수각류 코엘루로사우루스류에서 깃털 화석이 발견되었고, 최근에는 같은 수각류로서 메갈로사우루스류인 스키우루미무스의 화석에서도 원시 깃털로 보이는 것이 발견되었다. 그 외에도 새와 유연 관계가 먼 조반류 티안유롱의 화석에서도 깃털과 비슷한 기관이 발견되었다.

현대 공룡학에서는 새의 특징으로만 여겨졌던 깃털이 공룡 시대에 발달한 것이며, 다수의 깃털 공룡이 있었을 것으로 보고 있다. 새뿐만 아니라 공룡에게도 깃털은 평범한 기관이었다는 말이다.

새의 조상은 하늘을 날 수 없는 수각류 공룡이었다. 이들 공룡의 진화 과정에서 초기의 깃털은 날기에 적합한 기관이 아니었을 것이다. 물론 미래 후손이 장차 하늘을 날게 될 것을 예측하고 그 당시에는 아무 쓸모도 없는 깃털을 발달시켰다는 말은 아니다. 초기의 깃털은 날기 위한 도구가 아닌 다른 가치가 있었을 것이다. 즉 지금의 조류에게 깃털은 하늘을 나는 데 없어서는 안 될 필수품이지만 처음부터 비행용으로 진화한 것은 아닐 것이다.

코엘루로사우루스류
수각류에 속하는 부류. 조류는 이 부류에서 진화한 것으로 보고 있다.

티안유롱
중국에서 발견된 길이 70센티미터 정도의 조각류. 꼬리 화석에서 섬유질 구조가 발견되었다.

새의 몸을 뒤덮고 있는 깃털은 추위나 외부의 충격으로부터 몸을 지킨다. 깃털 안쪽에 돋아 있는 면우綿羽라는 솜털 같은 깃털은 보온용이다. 또한 깃털은 다양한 색을 띠고 있어서 보호색처럼 새를 공격자로부터 숨겨주기도 하고, 번식을 위해 이성을 유혹하는 데 쓰이기도 한다. 이처럼 초기 깃털은 비행 이외의 기능을 담당했고, 그중 일부가 점점 크고 튼튼해지면서 비행 기능을 수행하게 되었을 것이다. 이와 같이 어떤 생물의 기관이 이전 단계와는 전혀 다른 기능을 진화시켰을 때, 원래의 상태를 가리켜 '전적응'이라 한다.

지금까지 발견된 깃털 화석은 주로 소형 공룡이었다. 몸집이 작은 생물은 체온 유지에 많은 에너지가 필요하기 때문이다. 그렇다면 초기의 깃털은 보온 기능으로부터 진화했을 가능성이 크다. 그러나 최근 중국에서 발견돼 유티라누스라는 이름을 얻은 대형 공룡도 깃털이 있었던 것으로 확인되었다. 몸길이가 9미터로 추정되는 대형 티라노사우루스류의 일종이다. 이 공룡이 살았던 백악기 초기는 비교적 기온이 낮았다고 한다. 물론 지역에 따라 기온 차이는 있었을 것이다. 대형 공룡의 경우, 어쩌면 보온뿐만 아니라 포란과 이성을 유혹하기 위한 치장의 용도였을 수도 있다. 생물의 기관이나 행동이 여러 목적으로 진화하는 일은 드문 일이 아니다.

세계에서 가장 유명하고 많은 사람이 좋아하는 티라노사우루스 렉스는 어땠을까? 이 폭군 공룡과 가까운 사촌지간인 구안룡의 화석에서도 깃털이 발견됨에 따라 티라노사우루스도 깃털이 있었던 것으로 추정된

깃털의 진화
깃털은 단순한 돌기에서 복잡한 기관으로 진화해왔다.

①속이 빈 튜브 형   ②가늘게 갈라짐   ③복잡한 깃털로

다. 그러나 티라노사우루스와 같은 대형 공룡은 굳이 보온을 위한 깃털이 필요치 않았을 것이다. 그래서 티라노사우루스는 어린 시절에만 깃털이 있고 어른이 되면 비늘이 덮여 있는 형상으로 묘사되곤 한다. 몸이 작을 때는 보온을 위해 깃털이 필요하지만 성장하면 스스로 체온을 유지할 수 있기 때문이다. 성장하면 깃털이 나지 않는다는 이러한 주장은 나름대로 설득력이 있지만 아직 가설에 불과하다.

깃털은 누구의 것일까?

깃털은 단 한 번의 진화를 통해 모든 후손에게 전해진 것일까? 아니면 다른 계통에서 여러 번 진화를 거쳐온 것일까? 아직 진실은 아무도 모른다. 대개 단일한 선상에서 진화가 논의되곤 하는데, 사실 진화는 훨씬 더 복잡하다. 가지와 잎처럼 분화되거나, 환경에 적응하지 못해 생명의 역사에서 사라지는 형질도 많다. 수각류에서만 깃털이 발견되었을 때는 공룡에서 조류로 이어지는 계통에서 깃털 진화가 한 번 이루어졌다는 시각이 많았다. 그러나 최근에는 조반목에서도 깃털 모양의 구조가 발견되고 있기 때문에 깃털이 한 번만 진화했다는 인식에 기초하면 조반목과 용반목으로 분기되기 전 원시 공룡도 깃털이 있었다는 말이 되어버린다. 이것을 도대체 어떻게 이해해야 할까?

최근 공룡의 복원도를 보면 많은 코엘루로사우루스류가 깃털 달린 모습으로 그려져 있다. 코엘루로사우루스류는 티라노사우루스나 현존하는 조류로 이어지는 공룡들을 포함하는 부류다. 단 모든 코엘루로사우루스류에서 깃털이 확인된 것은 아니고, 비교적 오래전에 분기한 딜롱 화석에서 깃털이 발견되었다. 따라서 이후에 진화한 공룡은 모두 깃털을 지닌 것

유티라누스
중국 랴오닝성의 백악기 지
층에서 발견된 티라노사우루
스류. '유'는 날개翼라는 뜻.
대형 수각류 화석에서 깃털
흔적이 발견되어 2012년에
큰 화제가 되었다.

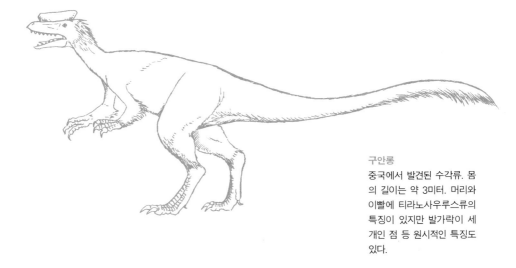

구안롱
중국에서 발견된 수각류. 몸
의 길이는 약 3미터. 머리와
이빨에 티라노사우루스류의
특징이 있지만 발가락이 세
개인 점 등 원시적인 특징도
있다.

으로 보고 있다. 앞서 언급한 티라노사우루스의 유체도 이러한 전제 아래 그려진 것이다.

프롤로그에서도 말했지만, 진화는 가장 최소한으로 일어났다고 보는 절약적인 사고방식이 기본이다. 즉 여러 종에서 같은 진화가 여러 번 독립적으로 일어났다기보다는 공통 조상이 한 번만 진화했다는 게 좀더 정설에 가깝다. 진화는 우연의 산물이므로, 우연히 같은 일이 여러 번 일어날 가능성은 낮다. 따라서 원시 시대의 공룡에서 깃털이 발견되었다면 그 이후의 후손도 깃털을 지녔다고 보는 것이다.

하지만 실제 새의 경우에는 같은 진화가 여러 번 일어나기도 한다. 예를 들어 발에 물갈퀴가 달린 새를 떠올려보자. 그중에 오리류, 알바트로스류, 갈매기류 등 다양한 새의 이미지가 그려질 것이다. 그러나 이 세 부류는 서로 다른 계통이며 각각 독립적으로 물갈퀴가 진화해온 것으로 보고 있다. 이처럼 조건만 갖추어진다면 같은 진화가 여러 번 일어날 수도 있는 것이다. 더욱이 깃털은 몸을 보호해주는 유용한 기관이므로 긴 공룡 진화의 흐름 속에서 여러 번 진화가 있었을 수 있다. 수십 번까지는 아니더라도 다른 계통에서 몇 번 정도는 일어났다고 볼 수도 있지 않을까?

솔직히 코엘루로사우루스류에서 깃털이 진화한 횟수가 한 번이라는 시각에 대해서는 어느 정도 수긍이 간다. 하지만 공룡이 조반목과 용반목으로 갈라지기 전에 깃털 진화가 있었다는 시각은 좀 보수적인 것 같다. 공룡 시대는 약 1억5000만 년이나 되기 때문에 같은 우연이 여러 번 일어날 수도 있다. 예전에 필자가 여행지에서 무심코 아리따운 여인에게 말을 걸었던 적이 있는데 나중에 보니 우리 대학 교직원의 딸이었다. 짧은 인간사에도 그런 우연이 일어나는데 무려 1억5000만 년이라는 긴 시간이라면 꽤 많은 일이 일어날 수 있지 않을까?

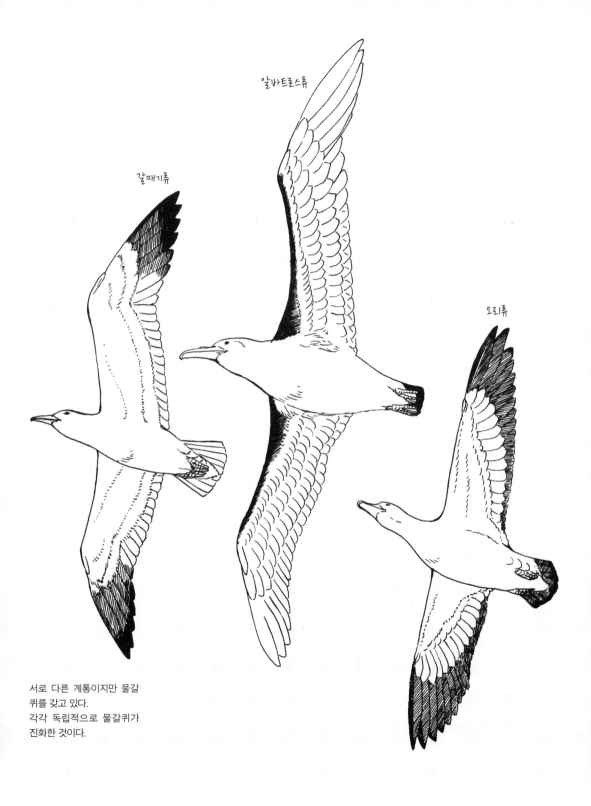

알바트로스류

갈매기류

오리류

서로 다른 계통이지만 물갈
퀴를 갖고 있다.
각각 독립적으로 물갈퀴가
진화한 것이다.

기존의 기관이 사라지는 것은 새로운 기관이 생기는 것보다 쉽다. 주로 퇴화라는 표현을 사용하는데, 이 또한 '퇴행적 진화'라는 진화의 일종이다. 예를 들어 흉골의 용골돌기가 작아지거나 없어져서 날지 못하는 새는 타조뿐만 아니라 오키나와뜸부기 등 아주 많다. 마찬가지로 공룡 중에도 깃털이 퇴화한 개체가 있을 수 있다. 특히 초기의 깃털 진화가 보온 기능으로 시작되었다면 대형 종에서 그 기능이 사라지는 현상은 그다지 이상한 일이 아니다. 수각류인 카르노타우루스의 피부 인상화석을 보면 피부에 혹과 같은 돌기가 많이 있는 것을 알 수 있다. 이는 조상이 깃털로 뒤덮여 있었다고 해서 후손도 그대로 따를 이유가 없음을 보여준다.

진화의 과정에서 어떤 일도 일어날 수 있다고 말하는 건 동화적인 믿음처럼 보일 수 있다. 그러나 언제나 가장 합리적이고 절약적으로 생각할 필요도 없다. 생물 진화를 연구하기 위해서는 균형적인 인식을 바탕으로 단순한 합리성 너머에 있는 진실을 탐구해야 한다.

몸을 보호하는 데 유용한 기관
어느 피서지 연못에서 키우던 흑고니가 탈출을 시도하다가 호랑이와 맞닥뜨린 모습을 우연히 목격했다. 그런데 놀랍게도 아무 일도 일어나지 않았다. 깃털과 지방을 우습게 보면 안 된다.

오키나와뜸부기
일본의 명물인 오키나와뜸부기는 날지 못하는 새로 유명하다. 오키나와뜸부기 외에도 뜸부기과에 속하는 대부분의 새는 아예 날지 못하거나 잘 날지 못한다. 전 세계에 분포하고 있는 신비한 새다.

카르노타우루스
백악기 초기에 남미에 살던 수각류. '육식 소'라는 뜻이며, 눈 위에 두 개의 뿔이 달린 게 특징이다.

깃털이 꼭 깃털다운 것은 아니다

지금까지 계속 깃털이란 용어를 사용했는데, 일반적으로 깃털이라 하면 나뭇잎 같은 모양을 떠올린다. 중간에 축이 있고 그 양쪽으로 평평하게 펼쳐진 모양 말이다. 현존하는 조류 중 하늘을 나는 데 사용되는 모든 깃털은 이러한 형태를 가지고 있다. 그러나 깃털 공룡의 화석에서 발견된 것은 '깃털 같지 않은 깃털'이 다수 포함되어 있다.

코엘루로사우루스류인 유티라누스 화석에서는 15센티미터나 되는 긴 깃털이 발견되어 화제를 불렀다. 이것은 머리털 같은 실 형태로, 책자에는 필라멘트(섬유) 모양의 깃털이라고 표현되어 있다. "이봐, 공룡의 깃털이 발

여러 가지 깃털 모양
현존하는 조류에게도 다양
한 종류의 깃털이 있다.

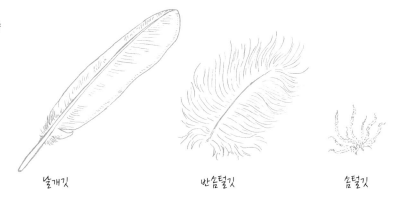

날개깃   반솜털깃   솜털깃

견뎄어!" 하고 이런 형태의 깃털을 보여준다면 사람들은 놀라기는커녕 시
큰둥한 반응을 보일 것이다. 조반목 티안유롱에서 발견된 것도 마찬가지
로 머리털 같은 섬유질 형태였다. 많은 깃털 공룡을 보유한 코엘루로사
우루스류의 일종인 시노사우롭테릭스는 중국어로 '중화용조中華龍鳥'라고
하는데 그야말로 새를 연상시킨다. 그러나 여기서 발견된 깃털도 축이 없
는 섬유질 형태였다. 이른바 깃털다운 깃털은 기본적으로 새와 가까운 마
니랍토라류보다 더 진화한 종에서만 발견된다.

모든 깃털 공룡이 현생 조류와 같은 폭신한 깃털을 지닌 건 아니었다.
깃털이라 해도 처음에는 푸석푸석한 머리털 같은 섬유질 형태였다가 진
화의 시간을 거쳐 점점 폭신한 형태로 변화했다고 상상하면 되겠다.

현존하는 조류의 깃털처럼 복잡한 기관은 여러 번 진화했다고 보기는
어렵다. 그러나 원시적인 실 형태의 기관이라면 독립적으로 여러 번 진화
가 일어난 것으로 볼 만한 여지가 있다. 즉 지금까지 발견된 화석을 보면
몇 개의 공룡 종에서 원시 깃털이 달린 개체가 확인되었지만, 그중에서
현생 조류의 깃털처럼 복잡한 기관으로 진화한 것은 코엘루로사우루스
류의 마니랍토라 이후에 생긴 종뿐이라고 생각하면 될 것 같다. 또한 섬

유질 형태의 원시 깃털은 지금의 깃털에 비해 별로 쓰임새가 없었기 때문에 비늘로 퇴화된 경우도 허다했을 것이다. 더 오래된 근연종에서 깃털이 발견되었다고 해서 발견되지 않은 공룡까지 깃털로 뒤덮인 모습으로 그려지지 않기를 바란다.

도감에 그려진 그림은 글보다 더 오래 기억된다. 깃털 가득한 공룡의 모습을 계속 보게 되면 나도 모르는 사이에 각인되기 때문에 조심해야 한다. 그렇다고 해서 깃털이 한 번만 진화했다는 시각을 부정할 만한 근거는 없다. 그저 마음으로 받아들이지 못한 것인지도 모른다. 현대는 공룡의 깃털에 대한 인식이 바뀌어가고 있는 과도기라고 할 수 있다. 깃털 화석은 앞으로도 계속 발견될 것이며, 그러다보면 초기의 화석 중에서 깃털에 싸여 있는 공룡 화석이 나타날지도 모른다. 언젠가 명확한 화석 증거가 발견된다면, 사실 나도 처음부터 그렇게 생각했노라고 말을 바꿀지도 모르겠다.

이족 보행이
새를 하늘로 이끌었다

공룡의 특징인 이족 보행은 조류의 특징이기도 하다. 두 발로 걷는 것과 하늘을 나는 것 사이에는 깊은 관계가 있다. 서고 걷고 날기까지 무슨 일이 있었던 것일까?

새와 공룡의 차이점은 무엇일까?

새의 보행을 연구하는 후지타 유키라는 대학 후배가 있다. 그의 연구는 '인류와 조류는 모두 두 발로 걷는다'는 전제에서 출발했다. 현존하는 척추동물 중에서 두 발로 걷는 존재는 인간과 조류, 캥거루, 목도리도마뱀 정도로, 이는 동물의 운동을 이해하는 중요한 공통점이다. 그리고 공룡도 기본적으로 이족 보행을 하는 동물이다. 물론 아파토사우루스, 트리케라톱스, 스테고사우루스 등 네 발로 걷는 유명한 공룡도 많다. 그러나 공룡은 원래 두 발로 걷는 공통 조상에서 진화하여 이차적으로 네 발로 걷는 개체가 되었다고 보고 있다. 가장 원시적인 공룡인 헤레라사우루스와 피사노사우루스 등도 두 발로 걸었던 것으로 보고 있다. 네 발로 걷는 목이 긴 용각류도 체중의 대부분을 뒷다리에 싣기 때문에 이족 보행의 면모를 볼 수 있다. 이처럼 두 발로 걷는 것은 조류와 공룡의 큰 공통점인 것이다.

새는 공룡에서 비롯되었으므로 그 진화는 연속적이다. 따라서 새와 공룡의 뚜렷한 차이를 말하기는 어렵다. 새가 되기 직전의 공룡은 이미 새와 비슷한 특징을 지녔을 것이고, 새가 된 직후의 새는 여전히 공룡의 특징을 갖고 있었을 것이다. 그럼에도 새와 공룡 사이에는 여러 공통점과 차이점이 있다. 새와 공룡의 가장 큰 차이점은 비행이다. 하늘을 날 수 있는 능력은 새를 특징짓는 최대 포인트다. 그리고 그러한 능력은 조상인 공룡이 두 발로 걷는 동물이었기 때문에 가능했다.

"새는 하늘을 날기를 선택한 대신 물건을 다룰 수 있는 도구인 팔을 희생하여 진화했다"라고 한다면? 나는 이 말을 믿지 않는다. 새의 조상에게 팔이라는 편리한 도구가 있었다면 그로부터 얻는 이점이 많았을 것이다. 그런 이점을 지닌 팔을 희생해서 날개를 진화시킬 이유가 있을까? 어느 날 연못에서 여신이 나타나 나에게 "지금의 팔과 하늘을 자유롭게 날 수 있는 날개, 둘 중에 하나를 선택하세요"라고 한다면 주저 없이 지금의 팔을 선택하겠다. 물론 "팔은 그대로 두고 등에 날개를 달아드릴까요?"라고

직립 이족 보행

가끔 공룡의 다리가 몸에서 아래로 뻗어 있는 것을 가리켜 '직립 이족 보행'이라 소개한 책도 있다. 그러나 직립 이족 보행이란 다리와 몸이 수직을 이룬 걸음걸이로, 공룡과는 무관하다.

캥거루

호주에 서식하는 유대류. 이족 보행이라지만 두 다리를 모아 점프하는 정도일 뿐 다리를 번갈아 내딛는 것은 아니다. 마다가스카르섬에 사는 여우원숭이와 사촌지간인 베록스시파카도 땅 위에서 두 발로 다니지만 주로 나무 위에서 생활하기 때문에 일상적인 행동은 아니다.

목도리도마뱀

오스트레일리아나 파푸아뉴기니에 서식하는 1속 1종의 도마뱀이다. 주로 나무 위에서 생활하지만 이동할 때는 지상으로 내려와 똑바로 서서 달린다. 1984년에 자동차의 TV 광고에 등장하여 큰 인기를 끌었다.

묻는다면 제안을 받아들이겠지만. 팔이 없으면 감자칩도 먹을 수 없고 피아노도 칠 수 없으니 얼마나 불편하겠는가.

앞서 언급했듯이 그리스 신화에 등장하는 반인반조의 괴물은 대부분 날개와 팔을 함께 갖추고 있다. 이것은 날개와 바꾸기에는 팔이 너무 중요하다는 것을 반증하는 것이다.

날개는 자유롭게 하늘을 떠다니게 해주는 편리한 도구지만 진화 초기에는 활강을 도와주는 정도, 즉 낙하 속도를 조금 늦춰주는 정도의 보조적 기구에 불과했다. 조류 직전의 조상에게 편리하고 유용한 팔이 있었다면, 팔의 기능을 억제하면서까지 날개에 가치를 두지 않았을 것이다. 물론 팔은 그대로 두고 날개의 기능을 천천히 발달시키는 길도 있지만, 유용하지 않은 기관은 퇴화할 확률이 높다.

인간은 두 발로 걷게 됨으로써 두 팔이 보행의 기능에서 해방될 수 있었다. 덕분에 우리는 자유롭게 손을 이용하여 다양한 도구를 만들 수 있었고 현재에 이르는 영화를 누리게 되었다. 인간의 팔은 '직립' 이족 보행과 관계가 깊은 것 같다. 우선 서 있는 자세를 유지하기 위해서는 두 발이 지탱할 수 있는 범위 내에 몸의 중심이 있어야 한다. 그렇지 않으면 넘어지고 만다. 그리고 발과 발 사이에 체중이 실려야 균형을 잡고 안정적으로 설 수 있다. 직립하는 인간은 몸통과 머리 등의 주요 기관이 일직선으로 배치되어 있고, 어깨 아래에 매달린 팔은 몸통의 가장자리에 있기 때문에 위에서 내려다보면 몸 전체가 두 다리 위에 얹혀 있는 것처럼 보인다. 그래서 팔은 다소 무게가 있어도 훌륭한 기관으로 진화할 수 있었던 것이다.

두 발로 걷는다는 면에서 공룡은 인간과 같지만 똑바로 설 수는 없다. 가로로 긴 몸통이 다리 위에 놓여 있기 때문에 신체의 중심을 잡는 방법이 인간과는 다르다. 발 앞쪽으로 몸통과 머리가 나와 있으며 무게중심을

피아노
솔직히 필자는 피아노를 칠 줄 모르지만, 사실 여부는 중요치 않다.

여신이 묻는다. 날개냐, 팔이냐.

잡기 위해 꼬리가 뒤쪽으로 뻗어 있다. 그리고 조류와 가장 밀접한 수각류 중에는 팔이 퇴화하여 작아진 개체를 발견할 수 있다. 세계에서 가장 인기 있는 공룡인 티라노사우루스는 대표적인 수각류이자 팔이 짧기로 유명하다. 이 짧은 팔은 사냥한 먹이를 먹을 때 쓰이거나 땅을 딛고 일어설 때 보조해주는 기능이라는 등의 설이 있지만, 큰 도움이 되는 기관은 아니었을 것이다. 또한 모노니쿠스는 팔이 짧게 퇴화하면서 손가락도 줄어들어 쓸모 있는 손가락은 단 한 개뿐이다. 물론 짧은 팔로 개미집 정도는 부술 수 있었겠지만 유용한 기관이라 할 수는 없으니 점차 미래 가치가 없는 기관으로 퇴화했을 것이다.

몸 중심에서 먼 부위에 불필요한 기관이 달려 있으면 민첩한 이족 보행이나 중심 잡기가 불편하다. 그들은 사물을 움켜잡거나 찢는 팔의 기능을 입으로 옮김으로써 중심 유지에 방해되는 큰 구조물인 팔을 퇴화시킨 게 틀림없다. 앞서 언급했듯이 공룡과 비교할 때 인간의 팔은 긴 편이다. 하지만 유인원에 비하면 짧은 편이다. 팔이 길면 달릴 때 무게중심이 불안정하고 활동에서 불편하기 때문에 에너지의 효율적인 사용을 위해 짧아진

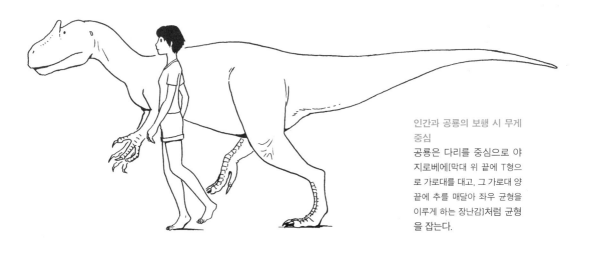

인간과 공룡의 보행 시 무게중심
공룡은 다리를 중심으로 야지로베에(막대 위 끝에 T형으로 가로대를 대고, 그 가로대 양 끝에 추를 매달아 좌우 균형을 이루게 하는 장난감)처럼 균형을 잡는다.

것으로 보고 있다. 이족 보행의 진화는 동시적으로 팔의 소형화를 촉진한 셈이다.

새의 조상이 수각류에서 갈라져 나온 시기는 수각류의 앞다리가 본격적으로 작아지기 훨씬 전으로 보인다. 그들에게 있으나 마나 한 앞다리를 처리하는 방법으로는 소형화 아니면 날개화였을 것이다. 즉 새의 조상은 날개를 얻는 대신 팔이라는 유용한 기관을 희생한 게 아니라 몸의 균형을 유지하기 위해 퇴화 중인 팔을 비행이라는 용도로 바꾸었을 것이다. 새가 하늘을 날아다니는 위업을 달성할 수 있었던 것은 불필요한 기관의 재활용이라는, 말하자면 친환경적인 진화의 길을 택했기 때문이다.

시조새 화석이 주는 메시지

조류와 공룡을 이어주는 열쇠가 된 시조새. 공룡과 조류의 특징을 모두 지닌 이 화석 조류에는 많은 비밀이 담겨 있다. 시조새 화석에 감춰진 고대의 메시지를 해석해보자.

시조새를 이용한 대리전쟁

시조새는 세계에서 가장 유명한 화석 조류다. 유명 검색 사이트에서 시조새 관련 조회수를 확인해보니 약 58만 건이었다. 내가 심혈을 기울여 연구해온 오가사와라제도에 서식하는 고유종 보닌 꿀빨이새Bonin Honeyeater는 약 57만 건. 그중에는 메구로제작소에서 만든 메구로 오토바이나 도쿄의 지명이 포함되어 있어 실제로는 더 적을 것이다. 그리고 닭 관련 조회수는 103만 건이었다. 즉 시조새는 우리와 가장 친숙한 가금류인 닭의 절반 이상의 인지도를 지닌 것이다. 참고로 지금까지 논문으로 발표된 시조새의 골격 화석 개체는 열 개밖에 안 되는 반면, 닭은 일본에서 하루에 250만 마리 정도가 소비되고 있다. 한 개체당 조회수를 따져보면 시조새가 5.8만 건, 닭이 0.4건. 단연 시조새의 압승이다.

시조새는 새와 공룡의 관계를 세상 사람들에게 처음으로 일깨워준 상징적인 새다. 열 개체의 표본은 모두 약 1억5000만 년 전에 형성된 독일의 졸른호펜 지층에서 발견되었다. 시조새의 몸길이는 총 50센티미터 정도며 그중 절반이 꼬리다. 날개깃이 달린 날개가 인상적이며, 현 조류에서는 퇴화된 발가락이 날개에 달려 있다. 부리는 없고 이빨이 있으며, 꼬리에는 뼈가 있다. 이는 공룡의 형질을 그대로 이어받은 증거라고 할 수 있다.

시조새는 공룡에서 새로 진화하는 과도기에 존재했던 원시 조류다. 그러나 현존하는 조류의 직접적인 조상은 아니다. 시조새는 현존하는 조류의 공통 조상에서 분기한 다른 부류로 보고 있다.

알다시피 지난 150년 동안 시조새는 지대한 관심과 열띤 논쟁의 핵심이었다. 가장 오래된 조류에 속하는 이 새를 연구하면 조류의 진화사를 알 수 있다. 그런데 최근에는 시조새보다 앞선 시기에 살았던 날개 달린 깃털 공룡이 발견되고 있다. 안키오르니스가 그러한 예다. 깃털 공룡의 발견은 역사적으로 높이 평가되고 있다. 그와 더불어 시조새의 표본을 이용한 연구는 더욱 큰 관심 속에서 활발히 진행되고 있다. 특히 시조새가 하늘을 날 수 있었는지, 나무 위에서 생활했는지 등이 쟁점이다. 이러한 연구는 새의 조상이 지상 생활을 하다가 날게 되었는지, 아니면 나무 위에서 생활하다가 날게 되었는지에 대한 논의를 바탕으로 하고 있다. 새의 조상과 가까운 시조새의 생활을 엿볼 수 있다면 초기 조류의 행동양식도 어느 정도 유추할 수 있기 때문이다. 시조새 논의는 조류의 비행 생활의 배경을 탐구하기 위한 대리전쟁이기도 하다.

시조새는 날 수 있었던 걸까? 분명히 날개는 있지만 현생 조류의 날개와 비교하면 세련되지 않았다. 또한 가슴에는 용골돌기가 없다. 흉골 중앙에 수직으로 나 있는 이 용골돌기에는 비행을 위한 가슴 근육이 붙어 있다. 즉 용골돌기가 근육을 단단히 고정시켜 비행에 필요한 힘을 발생시

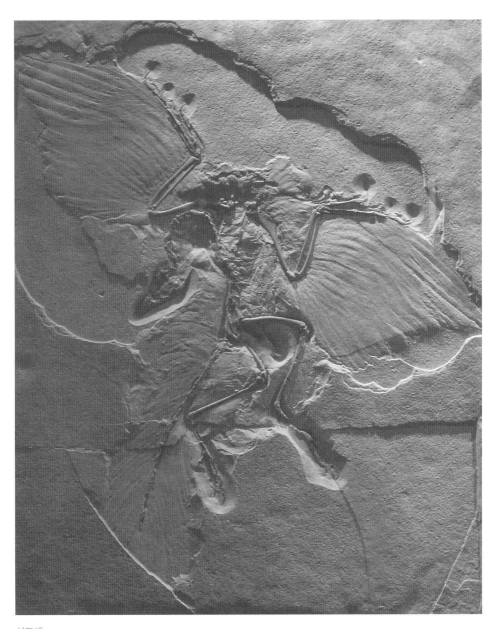

시조새

말할 것도 없이 시조새의 화석. 속명은 아르카이오프테릭스Archaeopteryx. 조류의 직접 조상은 아니라는 게 요즘 학계의 시각이다. 또한 시조새 이후에 발견된 깃털 공룡이나 화석 조류 때문에 인기가 시들해진 편이지만, 공룡과 조류 관계의 중요한 지표라는 사실에는 변함이 없다.

킨다. 비둘기의 가슴이 튀어나온 이유도 바로 용골돌기가 크기 때문이다. 타조처럼 날지 못하는 조류는 용골돌기가 퇴화하여 소실되었다. 에뮤나 키위새 등과 함께 평흉류라고 불린다.

지금도 용골돌기의 발달 정도는 비행 능력을 가늠하는 지표가 된다. 날지 못하는 새로 유명한 오키나와뜸부기는 다른 뜸부기류에 비해 확실히 용골돌기가 작다. 반면 도요타조는 타조와 같은 평흉류와 근연종이지만 용골돌기가 잘 발달되어 있어 하늘을 날 수 있다. 전 세계적으로 날지 못하는 새는 많지만 용골돌기가 완전히 소실된 것은 평흉류뿐이다. 나머지는 크기가 작을 뿐 남아 있다. 그렇다면 용골돌기가 아예 없는 시조새는 당연히 날지 못했을 것이다.

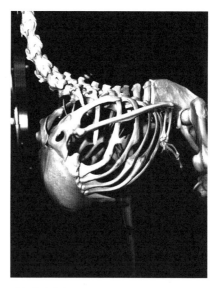

용골돌기
조류의 흉골에 나 있는 특징적인 돌기. 비행을 가능케 하는 가슴 근육이 부착되어 있다.

에뮤와 키위새
이들 모두 오세아니아에 서식하는 새다. 오세아니아에는 타카헤나 카카포 등 날지 못하는 새가 많다. 키위라는 과일은 키위새를 닮아서 붙여진 이름이다.

외관상 시조새의 날개는 무척 훌륭하다. 날개깃도 비행에 적합한 좌우 비대칭이다. 게다가 현생 조류의 뇌와 비교해볼 때 비행을 제어할 만한 능력도 있었을 것으로 보인다. 이런 정도의 날개와 골격을 갖춘 것으로 볼 때 시조새는 날갯짓까지는 아니어도 활강 정도는 하지 않았을까 싶다. 현대 조류를 연구하는 입장에서 보더라도 그런 외형을 지닌 존재가 날지 않았다는 건 말이 안 된다. 과학적 증거는 제쳐놓고, 나의 직감으로는 시조새가 날 수 있었다고 본다. 과학적인 발언은 아니지만 때로는 직감이 들어맞기도 한다는 점을 헤아려주기를 바란다.

닭이 먼저냐, 달걀이 먼저냐

새의 형태와 기능 중 어느 쪽이 먼저 진화했는가에 관한 논의가 있다. 예를 들어 날개깃은 비행을 가능케 한다. 그러나 깃털의 평면적인 기본 형태를 보면 날기 위해 생겨난 게 아닐 수도 있다. 이런 경우는 기능보다 형태가 먼저 생겼고 비행 기능은 나중에 생긴 것으로, 점차 형태가 세련되게 다듬어졌다고 볼 수 있다. 반대로 기능, 즉 필요성이 먼저 생긴 후에 그에 적합한 형태로 진화하는 경우도 있다. 용골돌기는 가슴 근육을 고정시켜주는 것 외에 별다른 기능은 없다. 이 경우는 비행이라는 필요성이 생겨난 후 그 기능에 맞춰 형태가 진화한 것으로 볼 수 있다.

가슴 근육은 처음에는 용골돌기가 없는 흉골에 직접 붙어 있었을 것이다. 따라서 이 무렵에는 날갯짓을 할 만큼 강력한 힘을 발휘하진 못했을 것이다. 하지만 날개의 운동을 돕는 근력이 전혀 없었던 것은 아니다. 현존하는 평흉류인 레아도 날지는 못하지만 상대를 공격하거나 빠르게 뛰어갈 때 날개를 퍼덕이는 정도의 근력은 지니고 있다. 시조새도 활강할 때 10퍼센트쯤은 날갯짓을 했다고 볼 수 있다. 물론 이것은 상상 20퍼센트 기대 80퍼센트의 근거 없는 이야기다. 어쨌든 시조새를 비롯한 모든 새들의 비행은 용골돌기가 없는 상태에서 시작하여 점차 효율적인 형태로 진화했다고 보는 게 타당하다.

이렇게 생각하는 근거는 비록 새의 동작이 유연하여 특정 행동에 최적화된 형태라 할지라도 그 밖의 다른 동작이 가능하다는 데 있다. 또한 형태가 동작에 적합하지 않은 경우에도 노력하면 원하는 동작을 할 수 있게 된다. 생물학에서는 형태와 행동의 관계를 지나치게 절대적인 것으로 표현하곤 하는데 형태와 행동이 늘 1대 1로 대응하는 건 아니다.

일본에는 숲새라는 조류가 서식하고 있다. 이 새의 몸은 매우 작아서 길이 약 10센티미터에 무게는 미니 초콜릿과 같은 7~8그램 정도다. 그리고 날개가 둥글고 짧은 것도 특징이다. 그들은 이름 그대로 수풀 속에서 산다. 장애물이 많은 숲에서 생활하려면 뾰족하고 긴 날개보다는 둥글고 짧은 날개가 적합하다. 그와 반대로 사방이 트인 지역에서 장거리를 비행하는 새의 날개는 길고 뾰족한 경향이 있다. 작은 몸에 둥글고 짧은 날개는 장거리 비행에 적합하지 않다. 하지만 실제로 숲새는 바다 건너

타조의 흉골
타조의 흉골에는 용골돌기가 없다. 그러나 타조는 수컷끼리 싸울 때 가슴을 맞대고 몸싸움을 하기 때문에 가슴이 두껍다.

도요타조
도요타조목 도요타조과. 남미에 서식하며 거의 날지 않고 걷거나 뛰는 편이다.

숲새와 미니 초콜릿
숲새의 울음소리는 지르르르…… 마치 풀벌레 우는 소리 같다. 이 새소리의 주파수는 슬프게도 나이가 들면 잘 들리지 않는다.

1000킬로미터가 넘는 장거리를 이동하여 동남아에서 겨울을 보내는 철새다. 조류학자로서 죽은 숲새만 봤다면 평생 덤불 속에서 보내는 새라고 판단했을 것이다. 그들은 일 년에 두 번 장거리를 이동하는 만큼 쉬는 동안 잠을 자거나 숲에서 체력을 재정비한다.

시조새의 비행 능력이 어느 정도였는지에 대해서는 종종 의견이 갈린다. 최근에는 날갯짓까지는 아니더라도 나무 위에서 활강 정도는 할 수 있었다고 보는 학자가 많다. 나도 이 의견을 지지한다. 한편 최근 현대 조류의 날개깃은 홑겹 구조인 반면 시조새의 날개깃은 여러 겹으로 되어 있어 강도를 보완하는 구조라는 연구 발표도 있다. 시조새는 현대 조류에 비해 날개가 견고하지 않아 잘 날지 못했을 것으로 생각해왔지만 여러 겹

모노니쿠스
몽골에서 발견된 알바레즈사우루스과의 수각류. 앞다리에는 굵은 발톱이 1개 있다.

으로 된 구조라면 다소 이 약점을 극복하지 않았을까 싶다. 당시는 공기 밀도를 비롯한 환경 조건이 지금과 달랐을 테니, 그들이 날 수 있었다면 어떤 조건이 요구되는지를 살펴보는 것이 앞으로 나아가야 할 연구 방향이다. 여하튼 새의 행동에서 최적=필요조건의 식이 반드시 성립하는 것은 아니다.

절대로 날 수 없을 것 같은 형태지만 용골돌기를 지닌 모노니쿠스라는 소형 공룡도 있다. 이 공룡은 형태상 조류와 유사한 점이 있지만 새와는 다른 계통의 알바레즈사우루스류 공룡으로 간주되고 있다. 지금의 조류는 용골돌기가 있는 흉골이 몸통의 절반 이상을 차지할 만큼 크다. 그러나 모노니쿠스의 흉골은 몸통 길이의 1퍼센트에 불과하여 용골돌기 부위에 붙은 가슴 근육은 소량이었을 것이다. 따라서 같은 용골돌기라 해도 현생 조류의 그것과는 다르다. 또한 이 공룡의 팔은 매우 짧고, 손가락이 한 개뿐이라는 특징이 있다. 개미집 같은 것을 부수는 데 이 짧은 팔이 이용되지 않았을까 싶다. 썩은 나무까지 긁어낼 수 있었다면 나무 안에 숨어 있는 곤충류를 잡아먹으며 살았을 수도 있다. 어쨌든 날고자 하는 목적이 아니더라도 가슴 근육과 용골돌기가 진화할 가능성은 있는 셈이다. 용골돌기가 없다고 해서 반드시 날지 못하는 것은 아니며, 반대로 용골돌기가 있다고 해서 반드시 날 수 있는 것도 아니다.

어쩌면 나무 위에서 살았을 수도 있다

다음은 나무 위에서 생활했을 가능성에 대해 알아보자. 주로 나무 위에서 생활했다면 활강하는 일이 많았겠지만 주로 지상에서 생활했다면 강풍이 불거나 내리막길을 만나지 않는 한 활강할 일은 별로 없었을 것이다.

새의 발가락은 기본적으로 4개다. 3개는 앞쪽으로 향해 있고 엄지발가락은 뒤를 향해 있다. 이해가 안 된다면 모리나가 초코볼에 그려진 왕부리 팅코를 보면 쉽게 알 수 있다. 그만큼 새의 발가락 모양은 널리 알려져 있다. 엄지발가락의 방향이 나머지 발가락들과 다른 이유는 나뭇가지를 잘 움켜잡기 위해서다. 따라서 지상 생활을 주로 하는 공룡의 발가락은 새의 그것과 다르다.

조류 중에는 조금 다른 발가락을 지닌 부류도 적지 않은데, 나무 위 생활을 하지 않는 종은 엄지발가락이 퇴화하기도 한다. 타조나 에뮤를 비롯하여 오리, 갈매기, 도요새, 물떼새, 슴새 등 땅이나 물에서 생활하는 부류는 엄지발가락이 없어졌거나 작다. 지상에서 앞으로 나아가려면 지면을 뒤로 걷어차면서 움직여야 하는데 이런 경우 뒤로 뻗어 있는 엄지발가락은 도움이 되기는커녕 방해만 될 뿐이다. 이 시대에 쓸모없는 직원은 해고당하게 마련이다.

시조새의 엄지발가락이 뒤쪽을 향해 있었는지도 주요 관심사였다. 화석의 보존 상태에 따라 견해가 다를 수 있지만, 엄지발가락이 나머지 발가락과 같은 방향이기 때문에 나뭇가지를 움켜잡는 동작에 적합하지 않다는 게 최근의 시각이다. 그러나 여기에서도 새의 행동의 포용력과 진화의 순서가 중요하다. 뒤쪽을 향한 엄지발가락은 지상 생활에는 필요치 않으므로 공룡 시대부터 나무 위 생활을 해야만 그렇게 진화될 수 있는 것이다. 따라서 진화 순서는 먼저 수상성樹上性을 획득하고 나서 그러한 생활에 적합하도록 엄지발가락의 형태가 뒤로 향해야 한다. 더욱이 나무 위 생활을 하면서 지상 생활을 겸했다면 엄지발가락이 빠르게 진화하진 않았을 것이다.

나무 위에서 활강하는 시조새

엄지발가락의 이용법

현존하는 조류 중에서 엄지발가락은 퇴화했지만 가느다란 나뭇가지 위에 잘 앉아 있는 부류가 있다. 예를 들면 괭이갈매기나 재갈매기와 같은 갈매기류는 난간이나 울타리 위에 잘 앉는다. 검정제비갈매기 같은 소형 바닷새도 나뭇가지나 선박 정박용 로프 등에 앉아 있는 모습을 자주 목격할 수 있다. 원앙은 오리류에 속하는데, 삼림성이기 때문에 주로 나뭇가지에 머무른다. 마찬가지로 엄지발가락이 퇴화한 슴새가 기울어진 나무를 걸어 올라가거나 나뭇가지에서 날아오르는 모습도 자주 볼 수 있다. 이러한 예는 수없이 많다. 새는 비교적 몸집이 작아서 나뭇가지 두께가 3센티미터 정도만 되면 꽉 움켜잡지 않고도 안정적으로 앉아 있을 수 있다. 우리가 평균대에 가로 방향으로 설 수 있는 것과 같은 이치다. 몸집이 아주 작은 붉은부리갈매기나 제비갈매기류라면 두께 1센티미터의 나뭇가지에도 흔들림 없이 앉을 수 있을 것이다.

당연히 엄지발가락이 뒤로 향하고 있어야 나뭇가지를 잘 잡을 수 있다. 그러나 이것이 나무 위 생활의 필요조건은 아니다. 땅 위를 걷거나 물에서 헤엄치기 위해 엄지발가락이 퇴화하고 물갈퀴가 진화한 종도 많다. 형태만 놓고 보면 이러한 새는 나무 위 생활에 적합하지 않다고 말할 수 있다. 그러나 이 새들은 실제로 나무 위에서도 생활한다.

새는 이동성이 강하기 때문에 동일한 개체라도 다양한 환경에 적응한다. 예를 들어 슴새류는 하루에 수백 킬로미터를 이동할 수 있는 능력이 있으며, 수십 미터 바다 속으로 잠수할 수 있고, 지상을 걸어다니고, 땅에 구멍을 파서 둥지를 틀고, 나무 위로 날아올라 앉기도 한다. 이러한 경우는 합체나 변형을 통해 모든 행동에 최적화된 형태를 만들지 않으면 안 된다. 장거리 비행을 위한 가늘고 긴 날개는 땅속에 둥지를 틀기에 불편할

수 있고, 나무 위에서는 엄지발가락이 있는 편이 편할 것이다. 그러나 조
류는 최적화되지 않은 형태를 유지하면서도 다양한 행동을 전개하는 능
력이 있다.

　행동은 형태를 진화시킨다. 그러나 행동이 반드시 형태에 구애받지는
않는다. 최적화된 형태가 아니더라도 조류는 이를 극복할 수 있는 잠재능
력이 있다. 형태만 보고 얕잡아봤다가는 큰코다친다.

　어쨌거나 조류의 조상인 시조새가 나무 위에서 생활했는지는 아직도
명쾌하게 밝혀지지 않았다. 새는 형태와 행동에 많은 융통성이 있기 때
문에 화석 형태만 보고 알아내기란 어려운 일이다. 어린이용 도감을 보면
초기의 조류가 날아다니는 곤충을 잡아먹으려고 지상에서 쫓아다니다가
날개가 발달했다는 설명도 있고, 적으로부터 자신을 보호하기 위해 발톱
을 사용하여 나무에 올라갔다가 활강하게 되었다는 설명도 있다. 물론 과

습새
습새목 습새과의 새. 날개
를 완전히 폈을 때 그 길이가
120센티미터 정도 된다. 바
다에서 물고기를 잡아먹으
며 살고 땅에 구멍을 파고 둥
지를 튼다. 사이토 아츠오의
동화인 『모험가들』에서 감바
의 친구로 등장하여 맹활약
한다.

반대 방향의 엄지발가락
새는 엄지발가락이 뒤로 향
해 있어서 나무 위 생활에 적
합하다.

학적 근거 없는 가설이긴 하지만 무시할 수 없는 이야기다. 어쩌면 일부 수각류는 날개가 진화하기 전부터 사뿐히 나뭇가지에 날아올라 높은 곳 생활을 즐겼을지도 모른다. 혹시 '날개는 발달하지 않았지만 높은 나뭇가지에 올라가서 화석이 된 드로마에오사우루스류' 같은 게 발견된다면 모두 이 주장에 수긍할 것이다.

나무 위에 올라간
드로마에오사우루스류

새는
익룡의 하늘을 난다

익룡은 공룡과는 다른 종이지만 조류 이전에 하늘을 날아다닌 파충류이기 때문에 이번 논의에서 빼놓을 수 없다. 익룡의 존재는 조류에게 적지 않은 영향을 미쳤다. 그렇다면 새와 익룡은 어떤 차이가 있는 것일까?

비행 도마뱀의 진화

중생대에 하늘의 정복자였던 익룡에 대해 알아보자.

익룡은 하늘을 자유롭게 날아다닌 최초의 동물이다. 그렇다면 익룡은 조류의 조상이라고 할 수 있지만 계통적으로는 조류나 공룡과 전혀 다르다. 조류가 하늘로 진출할 무렵 익룡은 이미 하늘을 지배하고 있었기 때문이다. 새와 익룡의 차이는 무엇일까.

익룡이 최초로 등장한 시기는 약 2억2500만 년 전 트라이아스기 후기다. 이 무렵의 익룡으로는 프레온닥틸루스나 유디모르포돈 등이 있다. 익룡이라고 하면 날개를 펼쳤을 때 5미터가 넘는 프테라노돈 같은 익룡을 떠올리곤 하지만, 초기의 익룡은 날개를 펼친 길이가 대개 1미터 안팎이었고 커봤자 2, 3미터 정도였다.

하늘을 난다는 것은 중력과의 싸움이다. 따라서 일반적으로 몸이 가벼운 소형부터 진화했을 것으로 보인다. 하지만 익룡이 어떤 파충류에서 시작되어 어떤 과정을 거쳐 비행 능력을 얻었는지는 아직 밝혀지지 않았다.

한편 익룡은 피막을 이용하여 비행한다. 몸의 일부로 피막을 가진 경우에는 천천히 낙하할 수 있고 낙하지점을 제어할 수 있다. 높은 곳에서 목표 위치를 겨냥해 도약할 수도 있다. 이것은 포식자로부터 도망칠 때나 사냥감을 노릴 때 유리한 능력이다. 또한 몸의 표면적을 늘림으로써 방열 효과에 기여했을 수도 있다. 이렇듯 다양한 기능에도 불구하고 피막은 애초에 비행을 담당하는 기관으로 진화할 수 있었다. 이 점이 깃털과의 큰 차이점이다.

조류를 제외하고 현존하는 척추동물 중에 날아다닐 수 있는 것은 날다람쥐, 박쥐, 날도마뱀, 날치 등에 불과하다. 톰 크루즈나 안젤리나 졸리도 가끔 날아다니는 것 같지만 그들은 실제로 나는 것은 아니다. 날다람쥐 등은 하늘을 나는 데 피막을 사용하고 있다. 날개는 완전히 새로운 기관을 진화시킨 경우지만 피막은 이미 몸에 있는 피부를 늘리는 것이기 때문에 비교적 진화가 쉽다. 그래서 조류 외의 척추동물들이 비행 기관으로써 피막을 선택한 것 같다.

깃털은 피막보다 아름답다

깃털은 피막보다 우수한 비행 기관이다. 깃털은 가볍다. 견고하면서도 엄청 가볍다. 깃털의 가벼운 무게와 우수한 보온 효과 때문에 많은 사람이 깃털 이불이나 다운재킷을 좋아한다. 사실 깃털 이불에는 비행용 날개 깃이 아닌 보온용 솜털이 들어가는데 거의 안 덮은 것처럼 가볍다. 그 이유는 솜털이 이미 죽은 조직이기 때문이다. 이처럼 깃털은 다 자라고 나면

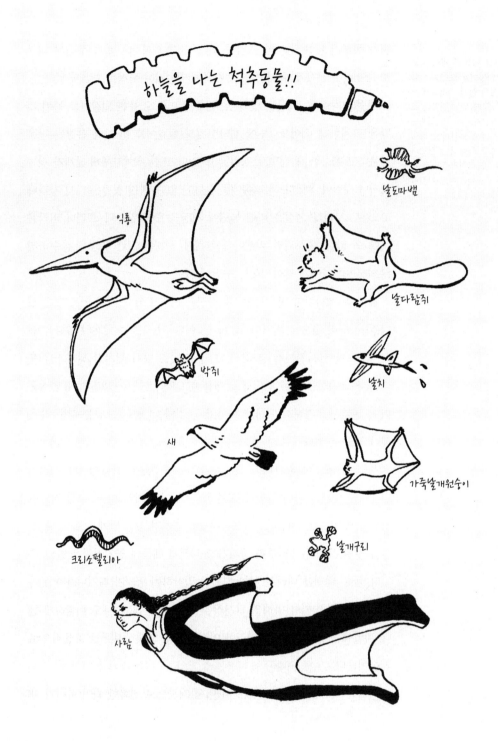

현존하는 동물 중에도 하늘을 나는 척추동물은 많다. 그러나 실제로 자유롭게 공중을 비행할 수 있는 종류는 조류와 박쥐뿐이다. 그 외에는 높은 곳에서 활강하는 정도다. 날치도 활강하는 정도지만 꼬리지느러미의 힘으로 힘차게 튀어 올라 비행 거리가 수백 미터에 이르기도 한다.

피가 통하지 않는 건조한 조직이 된다. 그러나 피막은 피가 통하는 피부 조직으로, 수분을 함유하고 있기 때문에 깃털보다 무거울 수밖에 없다.

깃털의 장점 중 하나는 일회용이라는 것이다. 조류는 털갈이를 통해 깃털을 교체한다. 적어도 1년에 한 번 정도 털갈이를 하는데, 손상된 것은 처분하고 깨끗한 새 깃털로 정비할 수 있다. 또한 포식자에게 날개가 짓눌리거나 깃털이 뽑혔다 해도 몸에는 문제가 없다. 빠진 깃털은 다시 자라나고, 일부 깃털의 손실은 비행 능력에 지장을 주지 않는다. 그러나 피막은 그럴 수 없다. 손상되면 비행이 곤란하다. 하지만 그런 위험을 감수하지 않으면 포식자에게 잡아먹히는 수밖에 없다.

비행 기관으로서 깃털은 중요한 장점을 지니고 있다. 깃털 구조가 한 겹이 아닌 여러 겹으로 겹쳐져 있다는 것이다. 이 구조는 날개의 형상을 연속적으로 변화시키는 데 도움을 준다. 깃털을 많이 겹치면 날개 면적은 작아지고, 깃털을 조금 겹치면 날개를 더 넓게 펼칠 수 있다. 날개 면적은 비행 성능과 직결되기 때문에 하늘을 날기에 더 좋은 조건을 갖춘 쪽은 새라고 할 수 있다.

새는 날개를 아래로 내려치는 동작으로 추진력을 만들어낸다. 그러기 위해서는 날개를 다시 들어 올려야 하는데, 이 동작을 할 때 공기 저항이 크면 몸이 밑으로 처진다. 그러나 깃털이 겹쳐져 있는 날개를 올릴 때 깃털과 깃털 사이를 벌려주면 공기가 통과하기 때문에 공기저항을 줄일 수 있다. 물론 날개를 내려칠 때는 깃털을 밀착하여 공기가 빠져나가지 못하게 한다. 이러한 기능이 새의 날갯짓을 도와 안정적인 자세로 비행하게 한다. 피막에는 있을 리 없는 이러한 이점이 새의 날갯짓 비행을 효율적으로 만들어준다.

이러한 이점은 처음부터 깃털이 비행 기관으로 진화한 것이 아니기 때

문에 생겼을 것이다. 처음부터 비행 기관의 기능을 기대했다면 깃털처럼
복잡한 구조물로 진화하기보다는 피막처럼 작고 단순하지만 기능을 발휘
할 수 있는 쪽을 택했을 것이다.

익룡이 날아다니던 때에 하늘에는 이렇다 할 경쟁자가 없었으므로 제
마음대로 날 수 있었을 것이다. 포식자도 경쟁자도 없는 하늘이 다소 낯
설긴 해도 날 수 있는 능력만으로 다른 종을 능가하는 존재였을 것이고,
새가 하늘로 진출했을 때 이미 익룡은 하늘의 정복자로서 굳건한 지위를
차지하고 있었을 터다. 익룡은 주로 육식을 하는 동물이므로, 무심코 날
아오르던 새들은 금세 익룡의 먹잇감이 될 수밖에 없다. 하늘에 진출하기
위해서는 좀더 기능적이고 합리적인 날개가 필요했을 것이다. 라이벌로
인해 자기 실력이 배양되는 경우는 스포츠에서만 벌어지는 현상이 아닌
모양이다.

반대로, 조류가 먼저 진화하여 하늘에서 맹활약하고 있었다면 익룡은

하늘에 나아가지 못했을 것이다. 즉 익룡이 하늘을 지배할 수 있었던 것은 오직 먼저 진출했기 때문이다. 물론 익룡은 결코 낮잡아볼 수 없는 존재다. 그 누구보다 먼저 하늘에 진출하여 백악기 말까지 1억5000만 년이나 최강자로 군림한 익룡의 혁신적인 전략에 대해서는 진심으로 찬사를 바치고 싶다.

존재의 참을 수 없는 무거움

익룡의 몸은 처음부터 비행에 최적화되어 있어 지상에서의 보행 능력은 보잘것없었을 것이다. 초기의 작은 익룡은 지상에서는 거의 활동하지 않고 나무 위에서 생활했을 가능성도 제기되었다. 그러나 하늘에 진출한 이후 익룡의 몸집이 점점 거대해지면서부터는 나무 위 생활이 불편해졌을 테고, 차츰 지상에서의 활동이 늘었을 것으로 보고 있다.

익룡의 뒷다리는 잘 발달되지 않았기 때문에 이족 보행은 힘들었을 것이다. 백악기에 서식했던 안항구에라를 연구한 과학자들은 큰 머리 때문에 무게중심이 앞으로 치우쳐 있어 이족 보행이 불가능하다는 결과를 발표했다. 또한 긴 꼬리를 지닌 람포린쿠스류는 네 발로 걸어야 꼬리가 땅에 끌리지 않는다는 점을 지적했다. 지금까지 발견된 익룡 발자국 화석에도 앞발의 흔적이 있는 만큼 사족 보행을 했다는 것이 공통된 견해다. 이러한 발자국 화석은 프랑스나 미국뿐만 아니라 일본에서도 발견되고 있다.

앞다리의 발가락은 피막을 지지하기 위해 과도하게 늘어나 있다. 사족 보행을 하기 위해 몸의 기관 중 한 부위가 불균형적인 형태를 이루면 그만큼 기동성이 떨어지게 마련이고, 그러면 당연히 지상 포식자들의 공격 위험에 노출된다. 그래서 포식자를 방어하는 효과적인 방법으로 몸의 거

안항구에라
백악기 전기에 살았던 안항구에라과의 익룡. 날개를 펼쳤을 때 길이가 5미터 정도. 주둥이 끝은 위아래로 늘린 모양이다.

람포린쿠스
쥐라기 후기에 살았던 람포린쿠스과의 익룡. 날개를 펼쳤을 때 길이가 최대 1.8미터. 이빨과 꼬리가 길었다.

대화가 진행되었다. 몸이 거대해져서 지상에 내려올 수밖에 없었는지, 지상에 내려왔기 때문에 포식자로부터 방어하려고 거대해졌는지는 아직 알 수 없다. 내 생각에는 동시에 진행되지 않았을까 싶다.

익룡의 거대화는 다소 과대평가된 것 같기도 하다. 유명한 케찰코아틀루스는 텍사스에서 발견된 날개의 일부 뼈의 크기로 미루어봤을 때 날개를 펼친 길이가 20미터라고 주장한 견해가 있었지만, 지금은 10미터 정도였다는 게 일반적이다. 이 정도만 해도 충분히 거대하다고 할 수 있다. 달팽이가 시속 5미터로 전진한다고 할 때 익룡의 날개 한쪽 끝에서 반대편까지 가는 데 2시간이나 걸리는 셈이다. 하체고프테릭스도 크기가 10미터 정도 되는 거대한 익룡으로서 그 이름을 떨쳤다.

케찰코아틀루스의 존재는 거대한 익룡이 과연 날 수 있었는가 하는 논란을 불러일으켰다. 연구자들은 현생 조류와의 비교를 통해 이 익룡의 체중을 추정해보고 있다. 500킬로그램 이상이라는 의견도 있지만 70킬로그램 정도라는 의견이 가장 많다. 그러나 날개를 펼친 길이가 10미터인데, 몸무

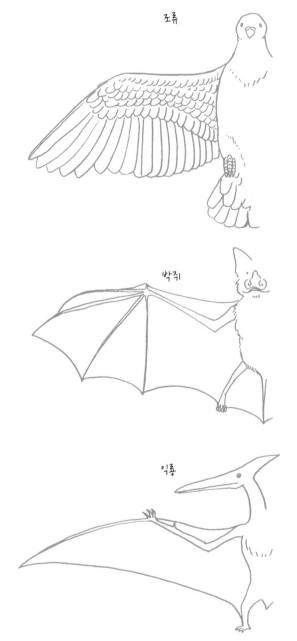

하늘을 나는 척추동물의 날개

게가 70킬로그램이라면 너무 가볍지 않느냐는 이견도 있다. 도쿄대의 사토 가쓰후미는 독자적인 연구 끝에 250킬로그램 설을 제시하면서, 지금과 같은 환경 조건이라면 이 체격으로는 이륙하기도 어렵고 지속적인 비행은 더욱 힘들었을 것이라고 보았다.

반대로 몸은 거대하지만 사뿐히 날아오를 수 있다는 주장도 있다. 비록 몸은 무겁지만 네 발로 뛰어오르면 쉽게 날아오를 수 있다는 것이다. 거대한 익룡이 날 수 있었는지는 아직 결론이 나지 않은 상태다. 어쩌면 지금과는 다른 그들의 환경이 중요한 요소로 작용했을지도 모른다. 예를 들어 대기의 밀도가 다르면 비행 조건이 달라질 수 있다. 익룡의 몸 크기가 잘못 추정됐을 가능성도 있다. 거대한 케찰코아틀루스의 날개 길이는 일부의 날개 뼈에 기초해 추정된 것으로, 실제로는 비행 가능성을 의심받을 만한 크기가 아니었을지도 모른다.

익룡은 거대화의 길을 걷게 되면서 다양성을 잃었다. 백악기 전기에서

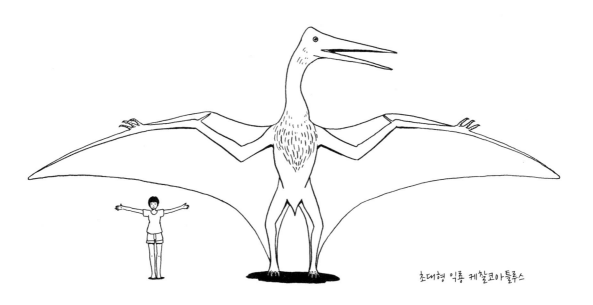

초대형 익룡 케찰코아틀루스

후기로 갈수록 종의 수가 감소했으며, 특히 소형종이 자취를 감추게 되었다. 거대해진 익룡은 날갯짓보다는 활강에 적응하게 되었을 것이다. 조류 중에서 몸이 크고 날개가 긴 알바트로스나 콘도르 등도 비행할 때 활강을 많이 이용한다. 에너지 효율 면에서 활강은 탁월하지만 날갯짓보다는 민첩하지 못하다.

익룡은 쇠퇴기를 맞아 비행에 적합한 형태를 갖춘 조류에게 공중 우세권을 내주었을 것이다. 소형 익룡이 사라지게 된 것도 이 틈새시장을 조류에게 빼앗겼기 때문인지 모른다. 한 분야를 개척한 선구자는 칭송받아 마땅하다. 그러나 오쿠니누시노미코토가 다케미카즈치노카미에게 나라를 양보한 이즈모의 유명한 이야기와 같이, 선임자는 후임자에게 자리를 내줄 수밖에 없다. 그리고 백악기 말에 발생한 소행성 충돌로 인해 익룡은 멸종을 맞았다.

활강
새는 활강과 날갯짓을 모두 하면서 비행한다. 활강도 상승 기류를 이용하면 꽤 높은 곳까지 비행할 수 있다.

나라 양보
『고지키古事記』에 따르면 오쿠니누시노미코토가 다스리던 아시하라노나카쓰쿠니(이즈모 지방)를 손에 넣기 위해 아마테라스 오미카미가 다케미카즈치노카미를 사자로 내세우고 나라를 양보할 것을 요구했다. 그 대가로 오쿠니누시노미코토를 모시는 웅장한 신전, 이즈모 대사大社를 건립했다. 신들의 세계에도 영토 분쟁이나 거래가 있나 보다.

익룡, 대지에 서다

거대한 익룡이 날 수 있었는가에 대해 논의가 활발한 이유는 내심 익룡이 날았으면 하는 기대감 때문 아닐까? 하지만 그들이 날지 못했다 해도 그 나름대로 흥미로운 일이다.

익룡처럼 피막을 지닌 박쥐는 특이하게도 날지 못하는 종이 없다. 사실 하늘을 날기 위해서는 많은 희생이 따른다. 날지 않아도 살 수 있다면 그 편이 더 유리하다. 그래서 날지 못하는 종으로 진화한 새들도 있다. 지상성이 강한 육식 동물이 자연적으로 분포하지 않는 섬에서는 공격당할 일이 없기 때문에 오키나와뜸부기나 키위와 같이 날지 못하는 새가 생겨난 것이다.

『애프터맨After Man: A Zo-ology of the Future』(인류 시대 이후의 미래 동물 이야기)
스코틀랜드의 지질학자 두걸 딕슨의 책으로 1981년에 출간되었다. 5000만 년 후 인류가 멸망한 세계에서 변화된 지구 환경과 진화한 생물들을 그린 도감 형식의 책이다. 진화란 무엇인지, 참신한 방법으로 접근하여 진화의 이해를 돕는다.

『애프터맨』이라는 책을 알고 있는가? 이 책은 먼 미래의 동물을 상상하여 그린 도감이다. 다이아몬드 출판사가 제작한 표지에는 '나이트 스토커'라는 이름의 날지 못하는 박쥐가 뒷다리를 허공에 든 채 앞발로 걷는 모습이 그려져 있다. 비행에 특화된 박쥐가 훗날에는 뒷다리의 보행 기능을 잃게 된다는 해석이다. 이것은 비행을 위해 돌이킬 수 없는 방향으로 진화한 박쥐의 모습을 단적으로 표현한 것이라 할 수 있다.

뉴질랜드에는 지상에서 잘 걸어다니는 짧은꼬리박쥐가 있다. 아쉽게도 두 발이 아닌 네 발을 쓰기는 하지만 그들은 하루 중 약 40퍼센트를 지상에서 생활한다. 그러나 오키나와뜸부기와 달리 비행 능력을 잃지는 않았다. 지상에 포식자는 없지만 그들은 하늘로부터 멀어지지 않은 것이다. 원래 지상 생활을 버리고 비행이나 나무 위 생활을 택하면 지상성과는 멀어지게 마련이지만, 다소 먼 거리를 이동하려면 날아가는 쪽이 편할 것이다. 그렇다면 피막 동물 중에서 날지 못하는 개체로 진화하는 경우는 불가능한 것일까?

익룡의 발자국 화석이 발견된 것으로 보아 그들은 지상을 걸어다녔을 것이다. 그렇다면 이차적으로 비행 능력을 잃었을 가능성은 충분하다. 하지만 이미 비행에 적응한 결과 다른 생활 패턴에 적응할 수 없게 되어 돌이킬 수 없는 진화의 막다른 골목에 몰린 것으로도 볼 수 있다. 그러나 막다른 골목 건너편에는 문이 하나 숨겨져 있다. 만약 지상에 다시 적응했다면 새로운 육상 동물로 깜짝 놀랄 만한 진화가 이루어졌을 것이다.

거대한 익룡에게도 그러한 가능성이 잠재되어 있다. 거대화된 체중으로는 더 이상 날아다니기가 어렵기 때문에 지상으로 내려와야 할 충분한 이유가 있다. 소형 익룡이 지상으로 내려왔다면 착륙하자마자 육식 공룡에게 잡아먹히고 다음 날 똥으로 배출되었을 것이다. 더욱이 경량화를 시도한 결과 뼈만 앙상했을 테니 잡아먹은 쪽도 그리 만족스럽진 않았을 것이다. 서로에게 불행한 결말이다. 반면 거대한 익룡이라면 덩치가 크기 때문에 포식자들의 공격을 막아낼 수 있다. 즉 몸집이 거대하면 포식자가 있어도 비행 능력이 없는 개체로 진화할 수 있는 것이다. 치타가 돌아다니는 아프리카에서 타조가 마음껏 뛰어다니는 풍경이 이를 증명해준다. 익룡은 긴 목과 날카로운 이빨로 자신을 공격하는 소형 공룡을 물리쳤을 것이다. 물가에서 한가롭게 물고기나 악어를 잡아먹는 모습도 상상할 수 있다. 거대한 익룡은 지상에 내려올 이유도, 내려온 후에 살아남을 능력도 충분히 있었다고 볼 수 있다.

백악기 말, 소행성 충돌 사건만 없었다면 날개 없는 익룡은 공룡과 쌍벽을 이루는 거대 지상 생물로 자리 잡았을 것이다. 그러나 아직 희망을 버리기는 이르다. 이미 백악기에 날개 없는 익룡 왕국이 세워져 케찰코아틀루스가 권좌에 올랐을 수도 있다. 단지 화석이 발견되지 않았을 뿐. 날개가 퇴화된 익룡이 지상에 적응했음을 보여주는 화석이 보란 듯이 발견되기를 진심으로 빌어본다.

사족 보행하는 익룡 둥가리프테루스

날개 없는 익룡

종 간의 다양한 차이

장식용으로 진화한
공작 타입

그늘로 물고기를 잡는
해오라기 타입

두껍게 무기화된
쿠세네시비스 타입

꼬리는 어디에서 와서
어디로 가는 것일까?

공룡은 길게 뻗은 꼬리가 특징이다. 조류는 꽁지는 있지만 꼬리뼈가 없다. 꼬리는 어떤 기능을 하며, 새로 진화할 때 꼬리뼈는 왜 없어진 것일까?

꼬리는 어떤 기능을 했을까?

이야기에 앞서 척추동물의 꼬리가 구체적으로 어느 부분인지 먼저 알아보자. 공통된 인식 없이 이야기를 하면 소통에 문제가 생길 테니 말이다. 쥐의 꼬리 부위는 누구나 알 수 있다. 그렇다면 뱀은? 항문 뒤쪽이 꼬리다. 물고기는 어떨까? 전갱이 구이를 놓고 볼 때 보통 꼬리지느러미 부분이 꼬리 부위다. 그러나 내장 바로 뒤에 위치하는 항문을 기준으로 치면 몸의 절반이 꼬리인 셈이다. 대체 어디부터 꼬리인지 헷갈리는가? 아무래도 척추동물의 꼬리 개념은 꽤 어렵다. 그래서 이 책에서는 '보통 사람들이 꼬리라고 생각하는 부분'을 꼬리라고 치고, 정확히 어느 부분이 꼬리인가에 대해서는 언급하지 않도록 하겠다.

공룡만큼 훌륭한 꼬리를 지닌 육상 동물은 별로 없을 것이다. 꼬리 없는 내가 이런 말을 하기는 좀 그렇지만, 포유류의 꼬리를 살펴보면 다들 보잘 것 없어 보인다. 현존하는 육상 동물 중에서 가장 큰 체구를 자랑하는 아프리카 코끼리도 파리를 잡는 데 쓰는 정도다. 꼬리의 존재감을 자랑하는 동물로는 캥거루나 눈표범, 일부 영장류가 있다. 캥거루는 꼬리로 몸을 지탱할 수 있고, 눈표범은 눈 덮인 바위를 뛰어넘을 때 꼬리로 균형을 잡으며, 거미원숭이과는 꼬리로 나뭇가지를 잡는다. 하지만 이처럼 육지에서 움직일 때 꼬리를 적극적으로 이용하는 예는 많지 않다. 아마도 이 시대의 육상 포유류는 꼬리가 퇴화되고 있는 것 같다. 물론 이것은 포유류 학자가 이의를 제기할 수 있는 나의 편견이다.

척추동물은 원래 수중에서 진화했다. 먼저 어류가 탄생하고 나중에 양서류가 등장했으며, 양서류는 물에서도 살고 땅에서도 산다. 어류 시대의 꼬리는 당연히 추진력을 돕는 운동기관으로 발달해왔다. 그렇다면 지상에서는 어떠할까? 개구리의 성장 과정을 보면 한눈에 알 수 있다. 올챙이 시절에는 꼬리가 있지만 개구리가 되면 도태된다. 공기는 물에 비해 저항이 작아서 꼬리로는 추진력을 얻을 수 없기 때문에 원래의 용도를 유지할

눈표범
아시아 산악 지대의 바위 등에 사는 식육목 포유류다. 점프 능력은 정평이 나 있다.

필요가 없는 것이다. 반면 왕도마뱀과의 파충류에게는 훌륭한 꼬리가 있다. 특히 물왕도마뱀 등은 물속에서 헤엄칠 때 꼬리를 이용하는데, 수중에서 추진력을 얻는 전통적인 방법이다. 뱀처럼 땅에서도 꼬리를 이용하여 추진력을 얻는 경우도 있지만 이런 경우는 소수다.

파충류의 꼬리는 무기로도 사용된다. 코모도왕도마뱀은 두꺼운 꼬리를 휘두르며 상대를 위협하며, 뱀은 긴 꼬리로 먹잇감을 휘감아 잡는다. 안킬로사우루스와 같은 공룡은 꼬리 끝에 뼈나 가시 같은 게 달려 있어 무기로 활용했다고 확인되고 있다. 그러나 현존하는 척추동물 중에서 꼬리를 무기로 쓰는 종류는 역시 몇 안 된다.

거미원숭이
열대우림 지역에 서식하는 거미원숭이과의 원숭이다. 꼬리 신경이 발달하여 물건을 잡을 수 있다. 나무 위 생활을 한다.

공룡의 꼬리와 새의 꽁지

현존하는 육상생태계의 지배 계급에서는 추진 기관으로서의 꼬리 역할이 점점 줄어들고 있는 것 같다. 그러나 공룡의 꼬리는 그 존재감이 매우 확실하여 쇠퇴기의 기관이라 말할 수 없다. 동물의 기관 중에는 별 효과는 없으나 조상이 가지고 있었기 때문에 그대로 물려받는 경우가 있다. 대개의 경우 불필요한 기관을 유지하는 데 많은 비용이 소요되지는 않지만, 공룡의 꼬리는 매우 크기 때문에 단백질이나 칼슘 등 많은 영양분을 필요로 한다. 결코 저비용의 기관이라 할 수 없기 때문에 꼬리를 유지해야 하는 확실한 이유가 있었을 것이다.

공룡의 꼬리와 관련된 유명한 일화가 있다. 옛날 복원도에는 공룡의 꼬리가 땅에 드리워져 있었다. 50년 전으로 돌아가, 티라노사우루스 모습을 머릿속에 떠올려보라. 그토록 큰 꼬리라면 땅에 끌리도록 그릴 수밖에 없었던 그 마음을 이해할 수 있을 것이다. 그러나 최근의 그림을 보면 몸통을 지면과 평행하게 유지하고 꼬리가 들려 있는 모습이 대부분이다.

티라노사우루스를 비롯하여 이족 보행을 하는 공룡은 전체적으로 머리가 크고 머리를 지지하는 목과 몸통이 상당히 두껍다. 두 다리로는 이런 상체를 지탱하지 못하고 앞으로 고꾸라지게 마련이다. 그래서 몸의 균형을 맞추기 위한 추錘의 기능으로써 굵고 긴 꼬리가 뒤로 뻗어 있는 것이다. 옆에서 보면 야지로베에의 모양과 같다. 또 꼬리가 땅에 끌리면 지면 마찰이 커서 움직임에 방해만 될 뿐이다. 실제로 세계 각지에서 많은 발자국 화석이 발견되고 있지만 꼬리가 끌린 흔적은 볼 수 없다. 결국 복원도의 그림처럼 꼬리를 들고 다닌 게 맞는 것 같다.

나아가 티라노사우루스류나 오르니토미무스류의 꼬리를 단순한 추로 보는 것은 꼬리에 대한 과소평가라는 반론도 있다. 동물의 대퇴부에는 운동 에너지를 발생시키는 여러 근육이 붙어 있다. 그리고 티라노사우루스 등의 꼬리에서 시작된 큰 근육은 대퇴골까지 연결되어 다리를 움직인다. 즉 꼬리는 단순한 추가 아니라 공룡을 달리게 만드는 거대한 근육의 격납고이자 커다란 몸을 움직이는 근력의 발생 기관인 것이다. 그렇다면 공룡의 꼬리는 추진 장치의 하나라고 할 수 있지 않을까?

어류 시대와는 완전히 다른 구조지만, 꼬리가 다시 추진 기관의 역할을 하게 된 것 같아서 반갑기도 하다. 물론 꼬리가 근력을 발생시키는 장치라고 해서 몸의 균형을 유지하는 추로서의 기능을 부정하는 것은 아니다. 거대한 상체와의 균형을 맞추는 것은 꼬리의 중요한 기능 중 하나임이 분명하다.

공룡과 조류의 큰 차이점 중의 하나가 바로 꼬리 부분이다. 초기의 조류는 공룡처럼 꼬리에 근육과 골격이 있었다. 그러나 점차 퇴화하여 지금의 조류는 꽁지 깃털만 있다. 꽁지깃이 붙어 있는 부분에만 살과 뼈가 있어서 꽁지깃을 뽑으면 꽁지가 아예 없는 묘한 꼴이 된다.

공룡이 균형을 잡고 엔진처럼 이용하던 꼬리가 후손인 새에게는 불필요한 존재가 되었다. 새들은 날아야 하기 때문에 우선 몸이 가볍다. 또한 커다란 먹잇감을 이빨로 뜯어먹는 육식 동물이 아니기 때문에 머리와 목이 그다지 발달할 필요도 없다. 따라서 무거운 꼬리로 균형을 맞출 필요도 없다. 비행에 필요한 에너지는 다리가 아닌 가슴 근육에서 발생시키기 때문에 꼬리에 무거운 근육이 붙어 있을 이유도 없다. 이런 이유로 꼬리가 없어지고 최대한 가볍게 진화한 것이다.

그렇다면 물고기부터 계승되어 온 꼬리는 새에 이르러 어떤 역할을 하게 된 것일까? 우선 꼬리는 하늘을 날 때 방향을 제어하는 역할을 한다. 하늘에서 추진을 담당하는 것은 당연히 날개지만, 날개와는 독립적으로 움직이는 꽁지깃은 비틀어 펴거나 접는 식으로 공중에서 방향을 조정한다. 그래서 새가 급히 방향을 틀거나 착륙할 때 꽁지깃을 펼치는 모습을 볼 수 있는 것이다. 한편 딱따구리류는 나뭇가지에 앉을 때 튼튼한 꽁지깃이 몸을 지탱해주는 역할을 한다. 또한 장식도 꽁지깃의 중요한 기능이다. 수컷 제비의 꽁지가 길어야 암컷 제비에게 인기가 많다는 건 잘 알려진 이야기다. 참고로 공작새의 화려한 꽁지깃은 정확히 말하자면 꽁지깃

티라노사우루스의 꼬리에서
대퇴골로 연결되는 근육

제비

스웨덴의 학자인 묄러의 연
구에 따르면, 꽁지깃이 잘린
제비는 짝짓기를 하는 데 시
간이 꽤 걸리는 반면 꽁지깃
이 긴 제비는 금방 성공한다
고 한다.

새의 포획 조사

크기를 재거나 인식 번호가
적힌 링을 발목에 채우기도
한다.

이 아니라 그 윗부분에 있는 상미통上尾筒이 늘어난 것이다. 공작새의 진짜 꽁지깃은 길이도 짧고 수수하며, 길고 화려한 상미통을 지지해주는 역할을 한다. 이 기회에 공작새의 뒷모습을 유심히 관찰해보길 바란다.

그리고 새에게 중요한 역할 중 하나인 '도마뱀 꼬리 자르기'가 있다. 비둘기나 직박구리와 같은 중소형 새의 꽁지깃은 쉽게 뽑힌다. 새를 잡아서 조사해본 사람이라면 새가 꽁지 빼고 달아나는 일을 자주 겪었을 것이다. 이것은 바로 도마뱀 꼬리 자르기와 같은 능력이라 할 수 있다. 중소형 조류는 포유류나 매 등 다양한 동물의 식탁을 윤택하게 해준다. 자기도 모르는 사이 뒤쪽에서 꽁지깃을 덥석 잡히는 경우도 많았을 것이다. 이럴 때 꽁지깃이 쉽게 빠지면 목숨을 건질 수 있지만, 그렇지 않으면 고작 꽁지깃 때문에 잡아먹히고 만다. 새의 깃털은 털갈이를 통해 정기적으로 새로운 깃털로 바뀌고 우연히 빠진 털도 새로 자란다. 새는 꽁지를 일회용으로 사용함으로써 생명을 지키는 것이다. 참고로, 육식 동물인 매의 꽁지깃은 매우 단단하게 붙어 있어 쉽게 빠지지 않는다.

다만 도마뱀의 경우는 누군가 잡아당기지 않아도 스스로 꼬리를 자를 수 있다. 이를 자절自切이라고 한다. 하지만 새의 꽁지깃은 빠지기 쉬울 뿐이지 잡아당기지 않으면 빠지지 않는다. 두 부류가 완전히 똑같은 시스템은 아니지만 몸의 일부를 희생하여 몸 전체를 지키고자 한 설계 철학은 동일하며, 비슷한 기능을 수행했음이 틀림없다.

공룡은 스스로 꼬리를 자를 수 있었을까?

공룡은 스스로 꼬리를 자르는 능력이 있었을까? 내심 기대가 된다. 디플로도쿠스는 육식 공룡에 쫓기다가 잡히면 꼬리를 잘라내고 도망친다!

10미터나 되는 꼬리가 주변의 고목을 쓰러뜨리면서 팔딱팔딱 뛴다! 잘린 꼬리를 먹고 휙 돌아서는 포식자! 이런 다이내믹한 모습이 떠오른다. 어린 시절 브라운관 속 '과학 특수대'에서 고모라의 잘린 꼬리가 팔딱팔딱 뛰던 장면을 떠올려보자. 하지만 중생대에 이런 스릴 넘치고 역동적인 장면이 실제로 연출되지는 않았을 것이다.

꼬리를 스스로 자른 다음에는 빠른 도주가 필수적이다. 대형 공룡은 민첩성을 희생하고 얻은 커다란 몸집으로 포식자들과 대적할 수 있었으니 꼬리 자르기를 하지는 않았을 것 같다. 설령 꼬리를 떼어낼 수 있다 해도 포식자로부터 쉽게 도망치지는 못했을 것이다. 또한 공들여 만든 거대한 꼬리를 쉽게 포기하는 건 에너지 효율 면에서도 좋지 않기 때문에 추천하고 싶지 않다. 참고로 고모라는 꼬리를 자른 뒤 땅을 파고 그 속으로 도망쳤다. 잘린 꼬리의 역할을 잘 이해하고 있었던 것 같다. 무서운 울트라 괴수!

소형 공룡은 어떨까? 대형 포식자에게 자주 습격 받는 종이라면 꼬리 자르기 수법을 이용했을 수도 있다! 자른 후에도 균형이 무너지지 않으려면 꼬리는 가늘고 가볍고 머리는 작은 편이 유리하다. 게다가 시선을 유인하기 위한 미끼로 삼으려면 꼬리가 길고 눈에 띄어야 한다. 꼬리를 자른 후에 잽싸게 도망치려면 철갑이나 무기가 없는 작고 가벼운 몸집에 다리가 발달한 종이어야 한다. 어찌됐건 꼬리 자르기 능력은 소형의 초식 공룡과 같은 사회적 약자 계층이 보유했음이 틀림없다.

파충류 중에서 꼬리 자르기 능력을 지닌 종은 스페노돈류, 도마뱀류, 뱀류뿐이다. 공룡과 비교적 근연 관계인 악어나 거북이에게서는 볼 수가 없다. 악어는 최강의 포식자이고, 거북이는 자기방어 수단인 등껍질이 잘 발달한 동물이기 때문에 꼬리 자르기 따위는 필요치 않을 것 같다. 영역

꼬리 자르기
자절自切. 꼬리가 밟혔을 때 스스로 잘라낼 수 있을 뿐만 아니라 팔딱팔딱 뛰는 꼬리가 적의 시선을 유인하는 틈에 도망칠 수도 있다. 도마뱀의 경우, 꼬리는 다시 생기지만 뼈가 완전히 재생되지는 않는다.

고모라
쓰부라야 프로덕션이 제작한 「울트라맨」 26, 27화에 등장하는 괴수. 초승달 모양의 뿔이 달린 것이 특징이다. 1억5000만 년 전에 살았던 공룡, 고모라사우루스가 살아 있다는 사실이 밝혀져 엑스포 전시용으로 생포되었다가 퇴치되는 불쌍한 괴수.

타니스트로페우스
트라이아스기에 살았던 파충
류. 길이 6미터의 파충류로
전체 길이의 3분의 2가 목이
다. 목이 너무 긴 탓에 육상
생활에는 적합하지 못하다.
반수서半水棲인 경우가 많다.

을 더 넓혀보면 메뚜기 같은 곤충, 게를 비롯한 갑각류, 지네를 비롯한 다지류 등 다양한 분류군에서도 꼬리 자르기가 확인된다. 이 기능은 결국 여러 차례 진화를 거친 주요한 방어기제라 할 수 있다. 그렇다면 소형 공룡도 꼬리 자르기가 가능했다고 해도 터무니없는 것 같진 않다.

꼬리 자르기의 흔적이 화석에도 남아 있을까? 도마뱀의 꼬리뼈에는 자절면이라고 불리는 끊어지는 부분이 있다. 공룡 화석에서 이런 특수 구조가 발견된다면 스스로 꼬리를 잘랐을 가능성이 제기될 수 있다. 실제로 쥐라기 시대의 스페노돈 화석의 꼬리 부분에서 자절면으로 보이는 흔적이 발견되었기 때문에 화석으로도 이를 검증할 수 있다. 또한 진위 여부에 의혹은 있지만, 중생대의 거대한 파충류 타니스트로페우스의 화석에서도 꼬리 잘린 흔적으로 주장될 만한 것이 발견되었다. 그런가 하면 뱀의 경우 자절면이 아니라 꼬리뼈 사이에서 꼬리가 끊어진다. 이런 경우는 눈에 띄는 흔적이 남지 않아 화석으로는 확인하기 힘들다. 다만 꼬리를 자른 후에 재생된 경우에는 그 흔적을 찾아낼 수 있다. 도마뱀의 재생 꼬리는 뼈가 완전히 재생되지 않고 부분적으로 연골만 재생되는 식이다. 꼬리뼈의 형성이 불완전한 화석이 발견되면 바로 게임 끝이다.

지상에서 추진력을 담당하던 기능에서 해방된 조류의 꼬리는 다양한 기능을 수행하게 되었다. 공룡의 꼬리도 지금까지 발견되지 않은 다양한 기능이 있었을 수 있다. 스스로 꼬리를 자르는 공룡, 캥거루처럼 꼬리로 일어나는 공룡, 카멜레온처럼 꼬리를 나뭇가지에 감고 대롱대롱 매달리는 공룡이 앞으로 발견될지도 모른다. 일단 오래 살고 볼 일이다.

부리 이야기의 시작은 비행이다

조류의 큰 특징 중 하나는 부리가 있다는 것이다. 그리고 이빨이 없다. 새에게는 왜 제1의 소화기관이라 할 수 있는 이빨이 없을까? 새의 소화기관 구조와 부리의 놀라운 기능에 대해 알아보자.

이빨이 없는 것은 다이어트 때문?

현존하는 조류는 모두 부리가 있다. 부리 없는 새는 없다. 반면 '대신'이라고 말하긴 뭣하지만 이빨이 없다. 그 때문에 아기 새는 자기 전에 양치질하라는 엄마 새의 잔소리를 들을 걱정이 없다. 그러나 공룡에서 진화한 초기 조류는 이빨이 있었다. 인간에게 치아는 음식을 자르고 찢고 으깨고 씹기 위해 없어서는 안 될 소중한 기관이다. 마카다미아 너트를 어금니로 씹어 먹는다는 건 더할 나위 없는 행복이다. 알이 꽉 찬 열빙어 구이를 오독오독 씹어 먹는 건 통째로 삼킬 때 결코 느낄 수 없는 즐거움이다. 그러나 새는 진화 과정에서 이빨을 잃었다. 새의 이빨이 인간의 치아만큼 중요한 기관이었다면 일찌감치 이빨이 소실되는 일은 없었을 것이다. 그러나 그들은 그것을 잃었다.

새는 이빨을 잃었다. 다소 부정적인 표현이지만, 이처럼 기존에 있던 기관이 없어지는 것을 퇴화라고 한다. 퇴화는 퇴행적 진화라고도 불리는 진화의 한 패턴이다. 진화가 일어나는 데는 이유가 있다. 그리고 분명히 유용한 쪽이다. 새의 조상인 공룡은 육식이든 채식이든 이빨을 이용했는데, 새가 이빨을 버리기로 한 데는 그보다 더 좋은 점이 있었기 때문이다.

하늘을 나는 새는 조금이라도 무게를 줄이기 위해 무거운 이빨을 포기했다는 이야기를 들어본 적이 있을 것이다. 음, 왠지 일리 있는 말 같다. 그런데 이빨이 정말 그렇게 무거울까? 인간의 치아를 작은 새에게 붙인다면 당연히 무거울 것이다. 그러나 작은 새에게 맞는 작은 이빨을 붙인다면 그다지 부담되지는 않을 것이다. 씹는 데 필요한 근육이 더 생긴다고 해도 별 문제는 안 된다. 어찌됐건 이빨의 퇴화는 몸의 경량화와 관계가 없어 보인다.

꼬치구이집에서 닭의 모래주머니[일명 닭똥집]를 먹어본 적이 있을 것이다. 쫄깃쫄깃하고 맛있는 이 부위는 근위筋胃라고 하는 위장의 일부다. 이빨이 없는 새들은 먹이를 통째로 삼키는데, 그렇게 들어간 덩어리를 잘게 해체하기 위해 근육으로 이루어진 위장, 즉 모래주머니가 필요한 것이다. 새는 치아라는 효율적인 저작 기관 대신 위의 근육을 발달시켜 뱃속에서 잘게 씹어주는 것이다. 그러나 근위는 치아만큼 정교한 기관이 아니기 때문에 음식을 잘게 만드는 데는 상당한 양의 근육이 필요하다. 때로는 제 머리만 한 크기의 근위를 가진 새도 있다. 어쩌면 경량화에는 이빨이 있는 편이 더 나을 수도 있다. 그러므로 몸을 가볍게 하기 위해 이빨이 사라졌다는 설명은 납득이 안 된다.

무거운 물건의 위치를 바꾸는 것은 그 나름대로 의미가 있다. 치아의 소실은 체중 감소에는 별 도움이 안 되지만 머리를 경량화하고 체중을 몸의 중심으로 집중시키는 데는 도움이 된다. 오토바이를 타는 사람이라면 쉽게 이해할 수 있을 것이다. 일명 '매스mass의 집중화'다. 몸체 바깥쪽에 무게 있는 기관이 있으면 기동성이 낮아지고 민첩함이 떨어지지만 같은 무게라도 중심에 집중되어 있으면 자세 전환이 쉬워져 운동성이 향상된다. 잘 이해가 안 된다면 오토바이 면허를 따서 할리와 뷰엘을 타고 비교해보도록. 오토바이가 불량스럽게 느껴진다면, 손에 큰 돌을 쥐고 팔을 벌린 채 달리는 것과 허리에 돌을 매달고 달리는 것 중 어느 쪽이 회전하기에 유리한지 시도해보길 바란다. 단 이빨을 들고 실험하지는 말 것. 중량에 아무 영향을 주지 않을 테니.

할리와 뷰엘
할리데이비슨은 아주 유명한 미국의 대표적인 오토바이 회사다. 대배기량의 공냉 V형 2기통 엔진이 특징이다. 뷰엘은 할리의 엔진을 사용한 스포츠 오토바이다. 콤팩트한 바디에 대형 배기량의 엔진이 특징이다.

이빨 있는 새

새 중에는 이빨과 비슷한 기관을 지닌 종이 있다. 혹시 갈색얼가니새를 아는가? 일본의 오가사와라 난세이제도에 서식하는 약간 바보같이 생긴 새다. 참고로 영어 이름은 부비booby라 하는데, 부비는 '멍청이'라는 뜻이다. 이름은 둘째 치고 이 새의 부리에는 톱니 모양의 돌기가 있다. 이 돌기는 갈색얼가니새가 바다에서 오징어나 물고기를 삼킬 때 한 번에 꿀꺽 넘어가지 못하게 잡아준다. 매의 부리는 칼처럼 날카로워 먹이를 찢는 역할을 한다. 오리도 부리의 미세한 요철로 수초를 잘게 찢거나 물속의 플랑크톤 같은 작은 생물을 걸러내는 것으로 알려져 있다.

부리는 뼈 위에 케라틴이라는 단백질 칼집을 씌운 구조로 되어 있다. 인간의 경우 머리카락이나 손톱 등을 구성하는 물질로, 꽤 단단한 소재다. 새는 이빨이 없는 대신 부리에 케라틴 소재의 칼집을 뒤집어쓰고 있어서 필요한 기능을 보완한다. 앞에서 언급한 사례[갈색얼가니새, 매, 오리]는 부리의 칼집 구조를 이용하여 치아의 역할을 대신하는 것이라 할 수

갈색얼가니새

갈색얼가니새의 부리
먹이가 통째로 넘어가는 것을 막아주는 톱니 모양의 돌기가 있다.

있다. 하지만 대부분의 새는 부리를 치아 기능으로 쓰지 않는다.

부리는 먹이를 잡는 데 중요한 역할을 하기 때문에 새는 먹이에 따라 다양한 형태로 부리를 진화시켜왔다. 부리를 보면 주로 어떤 먹이를 먹는지 짐작할 수 있다. 일일이 예를 들지는 않겠지만 부리 모양이 가지각색이라는 사실은 새가 얼마나 유연하게 진화해왔는지를 말해주는 것이기도 하다. 시간 여유가 있다면 도서관에 가서 물떼새목 도요과 새들의 그림을 확인하기를 바란다. 새의 부리가 얼마나 다양한 모습으로 진화해왔는지 실감할 수 있을 것이다. 치아의 기능이 음식을 섭취하는 데 없어서는 안 될 중요한 기관이라면 부리는 치아 기능으로 진화되었을 것이다. 그러나 많은 새의 부리가 치아 기능을 하지 않는 것을 보면 새는 이빨을 그다지 필요로 하지 않았던 것 같다.

대체 새는 왜 입이 아닌 부리를 갖게 되었을까? 먼저 부리의 기능을 다시 살펴보자. 무엇보다 부리는 먹이를 잡는 데 중요한 역할을 한다. 새는 거대한 공룡이 활보하던 시대에 하늘을 나는 법을 익혔다. 중력을 거슬러 하늘을 날아야 했기 때문에 몸집이 작은 종으로 진화했을 것이다. 그렇다면 그 먹잇감은 뜯거나 찢어서 먹어야 하는 큰 동물이 아니라 곤충이나 도마뱀과 같은 작은 동물이었을 것이다. 작은 동물은 나무껍질 밑이나 돌 아래, 꽃 속에 숨어 있다. 이처럼 좁은 곳에 있는 먹이를 잡기 위해서는 공룡처럼 힘이 센 짧은 입이 아니라 가늘고 긴 부리가 효과적이다.

새의 부리가 진화하게 된 계기는 틀림없이 새의 유일한 능력인 비행에 있다. 초기의 조류는 이빨뿐만 아니라 날개 밑에 발가락과 발톱을 가지고 있었다. 발가락이나 발톱은 나무껍질 밑에 사는 곤충을 끄집어내기에 유용했을 테고, 먹이를 부리 안으로 집어넣는 역할을 했을 것이다. 그러나 날개가 비행용으로 진화함에 따라 발가락 기능은 퇴화될 수밖에 없다. 발가락이 없어지면 그것을 작동케 하던 근육이나 근육을 지탱하던 골격도 함께 사라진다. 미세한 뼈들이 불필요해지자 여러 뼈를 유합하여 강도를 높이고 경량화를 도모하게 되었다. 발가락의 소실은 당연히 공기 저항의 감소에도 기여했다.

서서히 없어지는 발가락을 대신하여 물건을 잡거나 다루는 동작은 부리가 맡기 시작했다. 부리는 먹이를 잡을 뿐만 아니라 둥지를 엮거나 깃털 정리 등 정교한 작업까지 할 수 있다. 이러한 역할을 수행하려면 힘세고 짧은 주둥이보다는 섬세한 움직임이 가능한 부리가 유리했을 것이다. 손가락을 대신할 도구로 펜치와 핀셋 중 하나를 선택하라면 핀셋이다. 새의 부리는 이빨이 있는 입을 대신한 것이라기보다는 손의 대용품으로 진화

다양한 새의 부리

교차한다

솔잣새
솔방울에서 씨를 빼낸다

길고
유연하다

멧도요
땅속의 지렁이 등을
부리 끝으로 잡는다

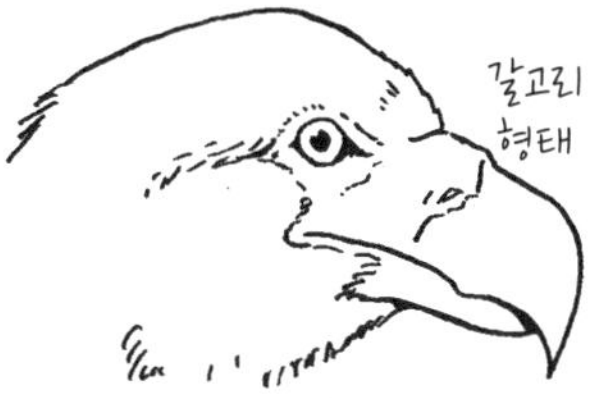

갈고리
형태

참수리
사냥한 고기를 찢는다

두껍다

큰부리밀화부리
딱딱한 과일이나 씨를 톡톡 쪼갠다

납작하다

청둥오리
수초 등을 건져낸다

했다고 볼 수 있다. 앵무새류는 나무에 오를 때 다리뿐만 아니라 부리로도 나뭇가지를 잡는다. 마치 손처럼 쓴다. '부리=손+입'이라는 공식을 만들어 고등학교 과학 교과서에 싣고 싶을 정도다.

부리처럼 길쭉한 구조물에는 강한 힘을 가할 수 없다. 그런데 이빨이 효율적으로 기능하려면 강한 힘이 요구되기 때문에 부리 안의 이빨은 비효율적이었을 것이고, 둥지를 만들거나 깃털을 정리하는 등의 정교한 작업에도 불편을 끼쳤을 것이다. 게다가 이빨을 유지 관리하기 위해서는 그

만큼의 비용, 영양분, 에너지가 투자되어야 한다. 그렇다면 더 이상 이빨을
유지해야 할 이유가 없는 셈이다.

몇몇 종에 지나지 않지만 타페야라나 투푹수아라와 같은 익룡은 이빨
대신 부리 비슷한 것이 있었으나 대부분의 익룡은 날카로운 이빨을 지니
고 있었다. 그들의 이빨은 물고기가 미끄러져 떨어지지 않도록 잡아주는
역할을 했다. 앞서 소개한 갈색얼가니새의 부리와 같은 기능이다. 익룡은
조류만큼 비행 능력이 뛰어나지 않아서 주변에 방해물이 없는 개방된 공
간을 비행 장소로 선택했을 것이고, 주로 물고기를 사냥했을 것이다. 또
한 뒷다리가 발달하지 않은 익룡은 나무 위나 지상 생활을 할 때 손의 기
능을 하는 앞다리가 필요했을 것이다. 그래서 퇴화되지 않은 발가락을 날

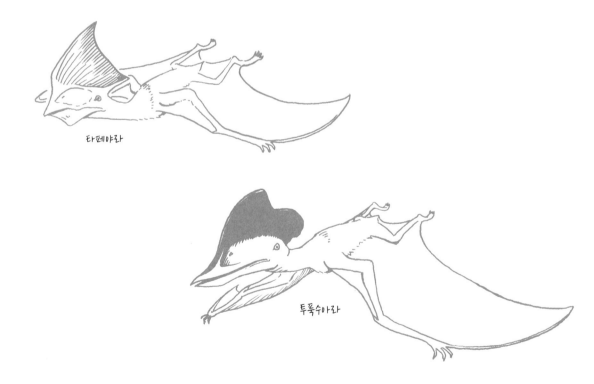

타페야라

투푹수아라

개에 남겨두었다. 이 발가락이 부리의 역할을 잘 수행했기 때문에 부리는 없어도 그만인 셈이 되었다.

익룡은 최초로 하늘에 적응한 동물이긴 하지만 나무 위 또는 지상 생활의 끈을 완전히 놓지 않았다. 그래서 새처럼 날개를 가졌음에도 불구하고 그 몸은 지상성 파충류의 모습을 그대로 이어갔다. 반면 조류는 과거를 버리고 하늘에 특화된 놀라운 몸을 얻게 되었다. 새의 부리는 비행 생활의 상징적 존재다.

도미노식 진화의 결말

새는 하늘을 날 수 있는 개체로 진화했다. 하늘이라는 새로운 공간을 개척하면서 공룡이 활개 치던 시대에 독자적인 입지를 확보할 수 있었다. 그리고 깃털의 진화에 따라 하늘 생활에 적응하면서 순수 비행용 날개를 획득했다. 날면서도 발가락 기능을 유지해온 박쥐의 어중간한 설계 이념이 아니라 비행에 특화된 날개가 개발된 것이다. 이것은 발가락의 소실 그리고 부리 진화와 관계가 있다. 새가 깃털을 비행에 이용하기 시작하면서부터 부리가 생기고 이빨이 없어지는 변화가 나타난 것이다.

새의 노고에 경의와 감사를 표하는 마음으로 세상의 인식을 바꾸고 싶다. 새는 '이빨을 잃었다' '팔을 잃었다' '꼬리를 잃었다'고 해선 안 된다. 하늘을 날기 위해 '이빨과 팔 그리고 꼬리를 버린 것이다.' 새의 몸에는 진화의 역사가 고스란히 담겨 있다.

3장

무모하게도
새에서
공룡을 찾다

공룡학은 다양한 화석 증거나 현존하는 생물, 환경 등에서 주어지는 여러 상황 증거를
종합하여 지구의 과거 모습을 유추해보는 매력이 있다. 마치 형사나 명탐정이 된 것처럼
공룡은 어떻게 생활했는지 추리해보길 바란다.

공룡 생활
프로파일링

공룡의 행동을 어디까지 알 수 있을까? 화석에 남겨진 것은 골격만이 아니다. 다양한 삶의 흔적도 깃들어 있다. 화석 증거를 퍼즐 조각처럼 하나씩 맞춰가며 공룡의 행동을 살펴보자.

기재
수년간에 걸쳐 연구한 결과를 과학 잡지에 발표함으로써 '기재'의 단계를 거친다. 『사이언스』 같은 유명 잡지에서는 엄격한 심사가 이루어진다.

공룡 행동학의 장려

야생 동물 연구에는 여러 단계가 있다. 첫 단계는 기재記載, description의 과정이다. 이 세상에 어떤 생물이 있는지를 분명히 하는 것으로 연구는 시작된다. 그다음 생물들이 계통적으로 어떠한 관계를 맺고 있는지 분류한다. 그다음 행동이나 생리, 분자 등 개체와 관련된 정보를 모아 종과 종의 상호작용을 밝히고 생태계에서 어떠한 기능을 하는지 설명한다. 물론 이런 일들은 순서적으로 이루어지는 게 아니라 병행된다.

공룡학에서는 끊임없이 새로운 종이 발견되고 기재되고 있다. 매달 몇 가지의 새로운 종이 발표되는가 하면 독립종으로 분류되었던 것이 부정되기도 한다. 지금까지 몇 종의 공룡이 기재되었는지 아는 사람이 얼마나 될까? 모든 것을 파악하기란 어려운 일이다. 공룡의 행동에 관한 결정적인 증거를 얻기도 힘들다. 행동 자체는 일시적인 현상이라 공룡 화석에 기록되지 않으며, 단지 그 흔적 정도만 찾아볼 수 있기 때문이다.

사체는 살아 있다

나는 새의 사체가 싫지 않다. 오히려 좋아한다고 할 수 있다. 오해는 사양하겠다. 변태적인 의미가 아니라 순전히 연구 재료로 말한 것이다. 야생에서 얻을 수 있는 사체에는 다양한 정보가 내포되어 있다. 예를 들어 어떤 새의 사체가 발견되었다면 우선 그 새가 그 장소에 있었다는 것 자체가 하나의 정보다. 희귀 철새의 이동 경로를 알아내는 단서가 될 수도 있고, 그 새가 좋아하는 환경에 대해 추정할 수도 있다. 사체의 신선도를 통해 계절도 알 수 있다. 사체에 쥐의 이빨 자국이 있으면 사인을 추정할 수도 있다. 위장 안에 내용물이 남아 있으면 무엇을 먹었는지도 알 수 있다. 생태학자에게 사체는 정보의 보고다.

그러나 엄연한 사실은 죽었다는 것이다. 그 새가 그곳에서 발견된 것과 그곳이 서식지였는지는 별개의 문제다. 죽은 장소가 옮겨지기도 하기 때문이다. 바다에 빠진 사체는 낯선 해안에 밀려오거나 태풍에 의해 엉뚱한 곳으로 실려 갈 수도 있다. 사체가 발견된 장소는 그 새가 좋아하는 환경이거나 자주 찾는 곳이었을 수도 있지만, 생존에 부적절한 환경이어서 죽은 것인지도 모른다. 나 같은 사람이 품속에 숨기고 이동하다가 부주의하게 떨어뜨렸을 수도 있다. 결국 발견된 장소가 그 새의 서식지를 반영하는 것은 아니다. 쥐는 살아 있는 개체를 공격하기도 하지만 사체를 뜯어 먹는 경우도 있으니, 쥐의 이빨 흔적과 죽음은 무관할지도 모른다. 위장 속의 내용물은 주로 먹던 것일 수도 있고, 굶주리다가 죽기 직전에 닥치는 대로 집어넣은 것일 수도 있다.

사체에서 얻을 수 있는 정보는 늘 한정되어 있다. 사체가 현존하는 동물의 것이라면 현지 환경과 살아 있는 개체에서 정보를 보충할 수 있지만, 멸종한 공룡은 그럴 수가 없다. 행동을 직접 관찰할 수 없는 이상 화석만이 행동의 흔적을 엿볼 수 있는 정보의 원천이다.

조류가 죽는 이유는 다양하지만 주요한 이유는 잡아먹힘, 부상, 쇠약, 질병 등이다. 이러한 경우는 예정된 죽음이기 때문에 죽음의 순간 독특한 행동을 보이지 않는다. 실제로 야생에서 발견된 사체에서 죽기 직전 어떤 행동이 포착되는 일은 거의 없다. 그러나 공룡 화석 중에는 어떤 동작 상태에서 급작스레 죽음을 맞아 그대로 화석이 된 경우가 있는데, 벨로키랍토르와 프로토케라톱스의 싸움 화석이 그러한 사례다. 벨로키랍토르가 프로토케라톱스의 목을 발톱으로 찍고 몸을 다리로 걷어차고 있으며, 프로토케라톱스는 벨로키랍토르의 앞다리를 물어뜯고 있다. 화석이 되기 위해서는 반드시 죽어야 한다. 그런데 그들은 살아 있는 화석이 되었다. 그리스 조각상은 아니지만 보는 사람마다 진짜인지 의심할 만큼 생동감이 느껴진다. 사투를 벌이던 중 어떤 갑작스런 재해를 맞아 그대로 화석으로 굳어버린 것일까? 이런 편의주의적인 발상도 무시할 수는 없다. 그러니 차근차근 생각해보자. 벨로키랍토르는 육식 공룡이지만 몸집이 그리 크지 않다. 자기보다 덩치가 큰 프로토케라톱스에게 무모하게 도전할 리가 없다. 오늘날 포유류를 봐도 그렇다. 늑대가 사냥감으로 노리는 대상은 주로 무리 중에서 어리거나 약한 개체다. 상대가 초식동물이라 해도 자기보다 덩치가 큰 동물에게 1대 1로 덤볐다가는 몸이 성치 못할 테니 말이다. 따라서 이것은 일반적인 포식 장면이 아니라 어쩔 수 없는 상황에서 불가피하게 벌어진 싸움으로 보인다.

이러한 상황이 발생한 것은 죽을 수밖에 없는 장소에서 만났기 때문

벨로키랍토르와 프로토케라톱스의 싸움

벨로키랍토르
드로마에오사우루스류의 수각류. 몸이 날렵하며 뒷다리에는 날카로운 갈고리 발톱이 달려 있다.

프로토케라톱스
뿔이 없는데 어떻게 각룡일까? 그래도 머리에 커다란 프릴과 앵무새 같은 구부러진 부리 모양의 입술이 특징적이다. 뿔은 굳이 없어도 된다. 작은 돌기를 뿔로 보려는 시각도 있지만 뿔처럼 보이지는 않는다.

의심하기
의심이 들지 않는다면 틀림없이 호기심 결핍증이거나 공룡에 전혀 관심이 없는 사람일 것이다. 눈앞의 사실에 의문이 생기면 그 이면을 깊이 파헤치고 싶어진다. 그것이야말로 과학 탐구의 기본적인 마음가짐이다.

이다. 자연 상태에서는 직접 맞부딪힐 일이 없는 새들도 좁은 자루 안에 두 마리를 함께 넣으면 흥분하여 서로 싸우게 된다. 이처럼 좁은 곳에 갇히게 되면 평소 상대하지 않던 사이일지라도 부득이하게 싸움이 벌어진다. 땅속 구덩이나 바위틈, 막다른 동굴 등이 그런 곳으로, 늪처럼 한번 빠지면 옴짝달싹할 수 없는 곳이다. 그때 갑자기 거대한 모래폭풍이 몰려와 파묻히거나 절벽이 무너져 내렸다면 싸우는 자세 그대로 화석이 된다. 어쨌든 협소한 공간에서 급작스럽게 죽어야 가능한 일이다. 그게 아니라면 둘 사이에 투쟁 화석에 관한 사전 협의가 있었다고 볼 수밖에 없다. 이 화석은 무한한 상상력을 자극한다. 물론 이런 경우는 자주 있을 수 없다. 극히 드문 우연이 여러 번 겹쳐서 이루어진 상황이다.

2012년에 흥미로운 쥐라기 익룡 화석이 하나 발견되었다. 묘사하자면 대형 물고기인 아스피도린쿠스가 람포린쿠스라는 익룡을 물고 있는 모습이다. 람포린쿠스의 목구멍에는 작은 물고기가 걸려 있고, 배 안에는 소화되지 않은 물고기가 남아 있다. 생태계의 먹고 먹히는 관계가 한 컷에 담겨 있는, 만화 표지에나 나올 법한 광경이다. 언뜻 보면 람포린쿠스를 물

람포린쿠스와 아스피도린쿠스
물고기 사냥을 위해 수면 위를 낮게 날고 있던 람포린쿠스를 노린 것일까?

었다는 데 감격한 아스피도린쿠스가 '내 생애 최고의 순간이야!'라고 외치며 하늘로 승천하는 것처럼 보인다. 그러나 사실은 전혀 다르다. 아스피도린쿠스의 이빨이 람포린쿠스의 피막에 휘감기는 바람에 둘 다 죽음의 바다에 빠져 익사한 것으로 추정되고 있다.

이 화석은 수면에서 물고기를 잡아먹는 람포린쿠스와 그 람포린쿠스를 습격하는 아스피도린쿠스의 습성을 이야기해준다. 물론 이 순간이 고스란히 화석으로 고정될 확률은 극히 낮다는 점을 감안할 때 물고기가 익룡을 습격하는 경우가 종종 있었을 것으로 보인다. 오늘날에도 상어가 바다새를 습격하거나 블랙배스가 논병아리를 먹는 등 물고기가 새를 잡아먹는 경우가 있다.

2010년 백악기 후기 지층에서 공룡 알과 어린 새끼가 있는 둥지에 똬리를 틀고 있는 뱀이 발견되었으며, 포식의 한 장면으로 주장되고 있다. 그런데 이 화석에는 의심스런 점이 있다. 뱀의 화석은 7000만 년 전의 것이고, 알의 화석은 그보다 전의 것이기 때문이다. 다른 장소, 다른 시간에 있던 사체가 어떻게 함께 화석이 될 수 있었을까? 이 화석을 연구한 논문에서는 뱀의 자세나 위치 등을 봤을 때 뱀은 공룡 알과 같은 시간에 있었다고 보는 게 합당하다고 했다.

이러한 화석은 매우 드물다. 공룡의 시대 1억5000만 년을 통틀어도 이만큼 생생한 현장감을 주는 화석은 찾아보기 힘들다. 고대 동물의 행동을 복원하는 일은 결코 쉽지 않다.

발자국 흔적을 단서로 조사한다

공룡의 행동을 알 수 있는 화석은 또 있다. 동물 자체가 아니라 그 흔적이 남아 있는 화석, 이른바 '생흔 화석'이다. 예를 들어 땅속 굴이나 발자국, 똥 화석 등이 생흔 화석에 속한다. 그중에서도 발자국 화석은 공룡의 행동을 알 수 있는 매우 흥미로운 증거물이다. 발자국 화석은 세계 곳곳에서 발견되고 있으며 많은 학자가 연구하고 있다.

발자국 화석을 보면 공룡이 어떻게 움직였는지 알 수 있다. 즉 사족 보행을 했는지 이족 보행을 했는지에 대한 직접적인 증거를 얻을 수 있다. 또한 걸음걸이나 물갈퀴의 유무 등도 알 수 있다. 남미에서 발견된 아크로칸토사우루스의 것으로 보이는 발자국은 발끝이 안쪽을 향하고 있어 안짱걸음이었음을 추측할 수 있다. 발자국의 보폭으로 공룡의 속도를 산출해내기도 한다. 수각류인 오르니토미무스는 시속 60킬로미터 아니면 80킬로미터인 것으로 알려져 있다.

공룡은 아니지만, 약 1억4000만 년 전쯤 익룡이 착지하는 순간의 발자국 화석이 프랑스에서 발견되었다. 이 생흔 화석에서는 익룡이 뒷다리로 착지한 후 몇 걸음 걷다가 앞다리로 지면을 디뎌 사족 보행을 했음이 밝혀졌다. 그동안 이족 보행하는 존재로 알려져 있던 익룡이 사족 보행을 했다는 사실이 드러난 순간이다.

인간은 걸음걸이로 감정을 표현한다. 어쩌면 공룡도 같을지도 모른다. 번갈아가며 한쪽 발로 껑충껑충 뛰어가는 걸음걸이는 기분이 들떠 있다는 증거다. 그런 발자국 앞에 소형 공룡을 먹어치운 흔적이 있다면 틀림없이 식사하기 직전의 들뜬 상태였을 것이다. 뒷걸음질 치는 발자국이 발견된다면 그것은 무서움에 떨고 있다는 증거다. 그 근처에는 아마도 허리에 손을 얹고 화를 내는 어미의 발자국도 있을 것이다.

중국에서 쥐라기 시대의 매우 흥미로운 발자국 화석이 발견되었다. 깊이 1~2미터 정도의 구멍 속에서 소형 수각류의 사체 더미가 발견된 것이다. 족히 18마리는 될 것 같은데, 구멍에 빠진 공룡들이 바다의 진흙 때문에 빠져나오지 못하고 죽은 정황으로 파악되었다. 그리고 그 구멍의 정체는 마멘키사우루스와 같은 거대 용각류의 발자국으로 추측되고 있다.

발자국은 아니지만 마찬가지로 다수의 사체 더미가 발견된 장소도 있다. 미국 유타 주의 채석장에서는 40마리 이상의 알로사우루스의 사체가 발견되었다. 초식 공룡 몇 마리와 여러 종의 수각류도 함께 발견되었다. 초식 공룡이 진흙에 빠져 죽고, 그 사체를 먹으러 온 육식 공룡도 진흙에 빠져 죽고, 또 뒤따라온 다른 개체도 죽은 상황이다. 그렇게 빠져 죽은 공룡은 40마리가 넘는다고 한다. 하지만 그렇게 많은 공룡이 한꺼번에 진흙에 빠져 죽었다는 게 도무지 이해되지 않는다. 만화도 아니고, 아무런 위험도 못 느낀 채 수북이 쌓인 사체를 향해 돌진했을 리가 없다. 아마도 오랜 시간에 걸쳐 어수룩한 개체가 하나씩 둘씩 빠진 것 같다. 어쨌건 눈앞의 돈벌이에 현혹되지 않고 꾸준히 일하는 것만이 행복의 지름길이라는 교훈을 준다.

텍사스에서 발견된 발자국 화석은 매우 유명하다. 이 화석에서는 많은 대형 용각류의 발자국과 그 발자국에 가까이 접근하는 수각류의 발자국이 남아 있다. 아마도 수각류가 용각류를 잡아먹기 위해 다가간 것이 아닐까 추측하고 있다. 수각류의 발자국은 아크로칸토사우루스의 것으로 추정되는데, 발자국 크기를 비교했을 때 용각류의 것이 월등히 크기 때문에 포식자가 수각류라는 설정은 잘못이라고 반박하는 시각도 있다. 그러나 용각류의 무리 중에 어린 새끼나 허약한 개체가 섞여 있다면 포식 대상이 될 수 있다. 그런가 하면, 이 두 발자국은 서로 다른 시기에 남겨진 아무 상관없는 발자국이라는 주장도 있다. 발자국 화석은 무한한 상상을 불러일으킨다. 그러나 우리가 살고 있는 바로 이곳을 많은 공룡이 돌아다

넜다는 것만큼은 부정할 수 없는 사실이다.

텍사스에서 발견된 용각류의 발자국 화석에서는 그들이 집단 행동을 했으며 어린 새끼를 가운데에 두고 에워싸는 식으로 이동했음을 알 수 있다. 이것은 주변의 포식자에게서 약자를 보호하려는 사회적 행동이라 할 수 있다. 하지만 안타깝게도 발자국 흔적만으로는 정말로 약자를 보호한 행동인지, 불량배들이 약자를 괴롭히려는 행동인지 구별하기 어렵다. 어쩌면 애초에 한 집단의 발자국이 아니라 여러 공룡이 지나다니던 통로였을 수도 있다.

발자국 화석은 발자국의 주인이 나타나지 않기 때문에 더욱 상상력을 자극한다. 무엇보다 오다 노부나가의 발자국조차 본 적이 없는 현대인이 무려 1억 년이나 2억 년 전에 공룡이 지나다닌 흔적을 생생하게 눈앞에서 볼 수 있는 것이다. 이에 감동과 전율을 느낀 사람이라면 미래의 고생물학자에게 그와 같은 감동을 선사하기 위해서 지금 당장 인근 늪지대로 가서 맨발로 깡충깡충 뛰어다녀보는 건 어떨지.

거대한 용각류의 발자국
내가 어린 시절에 본 도감에는 거대한 발자국 화석 안에 고인 물웅덩이에서 물놀이하던 여자아이의 사진이 담겨 있었다.

사체 더미
캘리포니아주 로스앤젤레스에 있는 라브레아 타르 연못에서는 스밀로돈(최강의 검치호랑이) 등 멸종된 포유류의 화석이 엄청나게 많이 발견되고 있다. 이 타르 늪에 빠진 먹잇감을 노리고 다가가다가 역시 늪에 빠져 죽은 것으로 보인다.

만화도 아니고
이 대목에서 레밍의 집단 자살을 떠올리는 독자도 있을 것이다. 그러나 실제로 레밍은 집단 자살을 하지 않는다.

흰색 공룡으로
가는 길

공룡은 무슨 색깔이었을까? 공룡의 깃털 색은 어두운 색을 내는 멜라닌 색소 연구에 의해 밝혀졌다. 그러나 정확한 색이 밝혀진 것은 아니다. 이제부터는 현대 조류의 생태를 통해 공룡의 색을 추측해보도록 하겠다.

컬러풀한 공룡
공룡의 최근 복원도를 보면 화려하고 예쁜 옷차림으로 산책 나온 반려견을 떠올리게 된다. 수십 년 전까지만 해도 단조로운 갈색으로 그려지던 공룡이 언제부턴가 패셔너블한 모습으로 바뀌어 버렸다.

컬러풀한 공룡 시대를 맞이하여

최근 공룡은 알록달록하다. 물론 도감 세계에서 그렇다는 말이다. 도감의 화려한 색채는 공룡이 조류의 조상이라는 데 영향을 받은 것이다. 아시다시피 조류는 다양한 색채로 아름다운 자태를 뽐내는 존재다. 그렇다면 그 조상인 공룡 역시 갈색은 아니었을 것으로 보고 있다.

깃털 공룡 중에는 깃털 색이 정확히 밝혀진 종도 있지만 대부분은 피부나 깃털이 없기 때문에 어느 부위가 어떤 색이었는지 알 도리가 없다. 즉 공룡의 복원도는 기본적으로 상상력에 의지하여 표현된 것이다. 물론 그 모습을 상상하기 위해 화석에서 얻은 다양한 지식이 총동원되긴 하지만 정답이 없는 만큼 공룡의 외모는 붓을 든 사람의 재량에 따라 달라지곤 한다. 현존하는 새의 경우에는 어떤 도감을 봐도 참새는 참새, 비둘기는 비둘기의 외형을 갖추고 있다. 잘 그리고 못 그리고의 차이만 있을 뿐 기본적으로는 같은 모양이다. 그러나 공룡의 모습은 도감마다 제각각이다. 그래서 공룡의 흔적을 찾아 야외 탐방에 나선 사람들에게 원성을 사기도 한다. 도감의 그림으로는 야외에서 만난 공룡의 종류를 알 수 없기 때문이다.

도감에 그려진 공룡의 색은 실제 공룡과 다를 것이다. 뭐 어쩔 수 없는 일이다. 본래 바탕이 무미건조하고 울퉁불퉁한 골격이기 때문이다. 팔색조라는 새를 예로 들어보자. 팔색조는 이름 그대로 화려한 색을 지닌 새지만, 뼈대만 간직한 화석에 의지해서는 화려한 깃털의 색을 재현할 수 없다.

공룡의 복원도가 다소 걱정되는 점이 이것이다. 이제까지 단조로운 색채로 공룡을 그려왔다는 반성이 지나친 탓인지 더 이상 단색 계열의 공룡을 찾아보기 힘들어졌다. 조류의 세계에서는 새까만 까마귀와 새빨간 호반새 등 한 가지 색의 깃옷을 입은 종이 적지 않다. 그렇다면 공룡 중에도 단색 계열의 종이 있을 것이다. 반성도 좋지만 무턱대고 요란한 색을 입힌다고 해서 진실에 가까워지는 건 아니다.

실제로 단색 계열 중에 흰색인 새를 우리는 종종 볼 수 있다. 논둑을 걷다가 새하얀 왜가리가 우아하게 걷고 있는 모습을 본 적이 있을 것이다. 왜가리과에는 흰색을 띠는 개체가 매우 많다. 바다새 중에도 흰 새가

팔색조
참새목 팔색조과의 새. 여름철새로 주로 혼슈 이남에서 번식한다. "호잇, 호잇" 하고 운다.

따오기
학명은 니포니아 니폰Nip-
ponia nippon이다. 2003년
일본의 마지막 따오기 '킨'이
사망함으로써 멸종되었다.

흰색은 눈에 띈다
미국 흑곰 중에는 흰색을 띠
는 개체가 있다. 캐나다, 브
리티시컬럼비아주의 그리벨
섬에서는 흰색 개체가 45퍼
센트나 차지한다. 흰색 개체
가 먹잇감인 연어를 더 잘 잡
는다는 연구 결과도 있다.

종종 있다. 제비갈매기나 갈매기, 갈색얼가니새, 알바트로스, 따오기, 황
새, 두루미류 등은 대부분 흰색이다. 흰제비갈매기, 흰갈매기, 미국흰따오
기처럼 이름에서 몸의 색상을 알 수 있는 경우도 많다. 그 유명한 백조가
그러하지 않은가. 이처럼 몸 전체가 흰색을 띠는 조류종이 있다는 건 공
룡 중에도 새하얀 색이 존재했을 가능성을 암시한다.

조금 다른 이야기지만, 흰색이 아닌 참새 같은 조류 중에도 하얀 깃털
의 돌연변이가 발생한다. 이 돌연변이 개체는 다른 개체에 비해 눈에 잘
띄기 때문에 잡아먹힐 위험이 높아 생존율이 낮다. 공원이나 길가에서 흔
히 볼 수 있는 비둘기는 검은색, 회색, 흰색, 갈색 등 다양하다. 그중에 흰
색 비둘기는 멀리서도 눈에 잘 띄기 때문에 참매나 까마귀에게 습격당하
기 쉽다. 그래서 도심에 서식하는 비둘기는 콘크리트나 도로와 비슷한 색
인 검은색이나 회색이 대부분인 것으로 알려져 있다.

흰색은 분명 눈에 띈다. 포식자의 레이더망에서 멀어져야 하는 처지에
흰색으로 진화한다는 건 잘못된 방향이다. 그러나 먹잇감을 사냥해야 하
는 포식자라면 어떨까? 시각이 발달한 사냥감이라면 흰색 포식자는 일찌
감치 발각되고 말 것이다. 가해자든 피해자든 흰색 개체는 불리해 보인다.
공룡을 흰색으로 묘사하지 않는 게 현명한 판단일지도 모르겠다.

그래도 흰색 공룡이 있으면 좋겠다

나는 진심으로 흰색 공룡이 있다고 믿고 있다. 완전히 흰색은 아니어도
상관없다. 얼굴만 붉은색인 것은 따오기처럼 근사할 것 같고 눈 주위만
검은 것은 흰비오리를 뺨칠 만큼 사랑스러울 것 같다. 흰색으로 그릴 만
한 공룡으로 어떤 종이 있을까?

앞에서 소개한 흰 새들을 떠올려보면 대부분 물가에 사는 새라는 사실을 알 수 있다. 즉 바다나 강, 호수 등 개방된 공간에서 생활하는 부류에 흰색 개체가 많다고 할 수 있다. 게다가 몸이 비교적 큰 종이며, 참새처럼 작은 종은 이에 해당하지 않는다.

눈에 띄는 흰색은 타인을 위한 신호로 해석할 수 있다. 그 신호는 물론 포식자도 포함되기 때문에 공격받기 쉬운 게 사실이다. 포식자인 참매의 둥지 아래를 살펴보면 쇠백로나 중백로 같은 흰왜가리과 새의 뼈가 떨어져 있는 경우가 많다. 그렇다고 해도 포식자에게 신호를 보내기 위해 흰색을 띠게 된 건 아닐 것이다. 야생에서 자신의 몸을 먹잇감으로 바치는 성인군자 같은 종은 멸종 대상이다.

신호를 전달하고자 하는 진짜 상대는 동종이나 근연종일 가능성이 높다. 흰색 개체가 많은 물새는 무리를 지어 다니는 성향이 있다. 자연 풍경에 섞인 하얀 점은 멀리서 봐도 눈에 띈다. 특히 개방된 곳에 서식하는 새라면 그 효과는 절대적이다. 결국 자신과 같은 무리에 속하는 친구를 쉽게 찾아내기 위한 것이다.

새가 무리 지어 다니는 데는 몇 가지 이유가 있다. 첫 번째는 먹잇감을 효율적으로 찾을 수 있기 때문이다. 먹잇감이 일부 지역에 집중되어 있을 때 찾아내기는 힘들지만 일단 찾기만 하면 다 먹어치우기 힘들 만큼 풍부할 것이다. 이럴 때 혼자 찾는 것보다는 다 같이 찾는 편이 효율적이다. 또한 같은 무리가 함께 이동하다 보면 동료의 움직임에 놀라 뛰쳐나오는 먹잇감을 포획할 기회도 많다. 황로는 무리 지어 행동할 때 옆 친구의 움직임에 놀라서 뛰쳐나온 곤충을 냉큼 잡아먹는다. 혼자서는 얻을 수 없는 포획 효과다.

또한 무리 지어 다니면 포식자에게 효과적으로 대처할 수 있다. 혼자

흰비오리
수컷은 깃털 색이 흑백인 사랑스러운 오리. 일명 판다 오리다.

흰왜가리
실제로 흰왜가리라는 새는 없다. 쇠백로, 중백로, 중대백로, 대백로, 황로, 흑로의 흰색 형의 총칭이다. 단 흰날개해오라기라는 새는 있다.

쇠백로
하얀 깃털 색은 야외에서 눈에 매우 잘 띈다.

행동할 경우 멀리서 달려드는 매의 타깃이 될 확률은 100퍼센트다. 그러나 100마리가 무리 지어 다니면 확률은 100분의 1로 줄어든다. 모두들 자기는 아니라고 생각한다. 초등학교 때 어려운 문제 풀이를 시킬까봐 마음 졸이면서 최대한 선생님의 눈을 피한 채 제발 안 걸리게 해달라고 기도하던 기분을 떠올려보길 바란다. 그 많은 친구 중에서 하필 내가 걸리는 순간의 충격은 이루 말할 수 없을 것이다. 물론 잡아먹힌 순간의 쇼크는 1000배쯤일 것이다.

무리 지어 다니면 포식자를 빨리 발견할 수 있다. 자칫 먹이를 먹는 데 정신이 팔려 있다 해도 동료 중 누군가가 포식자의 접근을 알려준다. 주변의 다른 개체가 갑자기 도망치면 일단 같이 도망치면 된다.

눈에 띄는 흰색이라 포식자에게 표적이 되기 쉬운 반면, 흰색이기 때문에 빨리 무리 지을 수 있고 포식자의 표적이 될 확률을 낮출 수 있다. 아이러니하게도 흰색을 지녔다는 건 그 개체가 잡아먹히기 쉬운 생태 습관을 지닌 종류라는 사실이 전제되어 있다. 개방된 곳에 서식하는 새는 가만히 있어도 눈에 잘 띈다. 특히 물가는 숨을 곳이 별로 없어서 어떤 색이든 눈에 띄게 마련이고, 몸집이 큰 새라면 더욱 그렇다. 눈에 띄는 조건을 갖추었다는 것 자체로 이미 포식자의 표적이 되는 위험을 감수한 셈이다. 이미 리스크를 수반하고 있다면 무리 지어 행동하는 쪽이 유리하다. 그래서 흰색 개체로 진화해온 것이다.

도망치면 된다
학교 수업을 마치고 집에 가는 길에 공터에서 몰래 폭죽을 터트리던 때의 느낌을 상상해보자.

흰색 공룡의 조건

자, 이제 결론으로 나아가보자. 흰색 공룡은 분명히 있었을 것이다. 그 공룡은 개방된 곳에 서식하며, 몸집이 크고, 무리 지어 다니는 습성이 있다. 포식자가 아니라 잡아먹히는 쪽이었을 확률이 높다. 카마라사우루스류는 어떨까? 하드로사우루스류나 이구아노돈류에도 흰색 공룡이 있지 않았을까 싶다.

현존하는 대형 포유류 중에는 흰색을 띠는 개체가 없다. 화려하지 않고 어두운 색의 개체가 많다. 기린의 색을 어두운 계통이라고 하면 의아해할 수 있을 테니 일단 기린은 제쳐놓고 코끼리나 하마를 떠올려보자. 삼차원적으로 이동할 수 있는 조류에 비해 대형 포유류의 순간이동 능력은 뛰어나지 않다. 체중이 무거운 개체는 특히 더하다. 물론 포식자에게 발견되었을 때 대형 개체는 큰 몸집으로 자신을 지킬 수 있다. 그러나 어린 새끼를 거느린 가족 집단의 경우 발이 느리다는 것은 치명적인 약점이다. 따라서 무리 지어 다니기에 흰색은 불리할 테고, 그것이 진화하지 않은 이유인지도 모른다. 반대로, 몸집이 크다면 그 자체로 쉽게 띄기 때문에 굳이 흰색 신호를 보낼 필요가 없다. 결국 자외선으로부터 자신의 피부를 보호하기 위해 형성된 멜라닌 색소와 비슷한 색으로 진화할 확률이 더 높다. 어쨌든 거대한 몸과 흰색 진화는 서로 양립할 수 없을지도 모른다.

공룡의 이동 능력은 평균적으로 대형 포유류와 새의 중간이었을 것으로 생각되지만 개체 간의 차이가 크다. 일단 용각류는 개체별 차이가 있다 해도 몸집이 크고 발이 느려서 흰색 개체는 없었을 것 같다. 그래서 카마라사우루스류는 탈락이다. 그다음 하드로사우루스류나 이구아노돈류는 그럭저럭 빨랐을 것으로 보인다. 이들은 키가 10미터나 되는 초대형 공룡이므로, 체중이 가벼운 부류에서 흰색 공룡이 있었을 수 있다. 니폰노사우루스나 드리오사우루스가 흰색 옷이 잘 어울렸을 것 같다.

자, 그렇다면 육식 동물 중에는 흰색 개체가 없었을까? 흰색이 보호색이 되는 세상이라면 흰 육식 동물도 존재할 수 있다. 북극에는 흰올빼미라는 새하얀 올빼미가 있다. 「해리포터」로 유명해진 이 새는 눈과 얼음의 세계에서 흰색 우의를 입은 포식자로서 살아가고 있다. 북극곰도 마찬가지다.

공룡이 눈과 얼음의 세계에도 있었는지는 알 수 없으나, 있었다면 틀림없이 흰색 공룡이 활보했을 것이다. 항온 동물은 몸집이 작을수록 체온을 쉽게 빼앗기기 때문에 추운 지방에서는 대개 큰 몸집으로 진화한다. 공룡이 항온 동물이고 북극에도 있었다면 이 베르그만의 법칙에 따라 몸집이 컸을 것이다.

흰색 공룡은 또 다른 형태적 특징을 갖고 있다. 즉 흰색 공룡의 피부는 검은색이었을 것이다. 새의 깃털이 검은색이나 갈색을 띠는 이유는 멜라닌 색소 때문이다. 멜라닌은 유해한 자외선을 흡수하여 체내 침투를 막아준다. 그러나 흰색 조류의 깃털은 자외선을 흡수하지 못한다. 흰왜가리류를 해부해보면 피부가 다른 새보다 어두운데, 깃털에서 흡수하지 못한

해리포터
아마 현재 가장 유명한 마법사 중 한 명일 것이다. 안경을 쓰고 있다.

북극곰
북극에 사는 대형 곰. 백곰이라고도 한다. 남극에는 곰이 없다. 멸종 위기종. 삿포로 마루야마 동물원의 '피리카'라는 북극곰은 라면 캐릭터로 발탁되었는데, 외모가 꽤 귀엽다.

자외선을 피부로 흡수하기 때문이다. 북극곰도 흰 털 밑의 피부색이 검은 것으로 알려져 있다. 사실 흰색 깃털은 자외선을 반사하여 몸을 지키는 용도다. 따라서 모든 흰색 공룡의 피부가 검은색인 것은 아니고, 그런 류의 공룡도 있었을 거라는 말이다.

새까맣거나 새빨간 공룡이 태어날 조건에 대해서도 알아보고 싶지만, 안타깝게도 지면이 부족하다. 그러나 갖가지 색깔의 공룡은 확실히 있었을 것이다. 카멜레온이나 프레데터 괴물처럼 색을 바꾸는 공룡도 있었을지 모른다. 광학미채光學迷彩로 몸을 숨긴 채 회심의 미소를 지으며 포식자의 시야를 유유히 빠져나가는 소형 공룡을 상상해보라.

마지막으로, 흰색 깃털을 지닌 다른 유형의 새는 인간이 사육하는 부류다. 대표적으로 닭, 오리, 거위, 십자매가 그러한 부류다. 이 새들은 원래 흰색이 아니라 적색야계赤色野鷄, 청둥오리, 재기러기, 흰허리문조의 야생종이 가금화된 경우로, 포유류라도 집에서 기르는 가축은 흰색을 띠는 개체

흰색 공룡의 상상도
머리 모양으로 동종을 인식한다. 그림이 컬러가 아니어서 이 공룡의 흰색을 제대로 전달하지 못하는 점이 아쉽다.

가 많다.

인간에게 사육된다는 것은 포식자들에게 잡아먹힐 염려가 없어졌음을 뜻한다. 대신 색깔에 상관없이 언제라도 인간의 식탁에 오를 수 있다. 또한 자연적인 짝짓기도 제어되기 때문에 암컷을 차지하기 위해 화려하게 단장할 필요도 없다. 색을 만들어야 할 이유가 없다면 관련된 에너지를 소비할 필요가 없다.

인간의 입장에서 보자면 흰색은 문화적으로 특별하게 인식되는 색이기도 하고, 가금류가 울타리를 벗어났을 때 쉽게 발견할 수 있어야 한다. 이런 이유로 돌연변이인 흰 개체가 선택적으로 사육되면서 개체 수를 늘려왔다. 공룡 역시 인간이 사육한다면 흰색이 될 가능성이 있다. 언젠가 기회가 된다면 여러 세대의 공룡을 키워서 이 점을 증명하고 싶다. 혹시 집에서 기르고 있는 공룡이 새끼를 너무 많이 낳아서 곤란하다면 내게도 분양해주길 바란다.

익룡은 갈색도 아니고
알록달록도 아니다

하늘을 나는 파충류의 색깔에 대해서도 알아보자. 대부분의 익룡은 어식성魚食性이라는 연구가 있다. 그렇다면 바다에 사는 새들의 깃털이 어떤 색이며, 그 색에는 어떤 의미가 있을까?

익룡의 복원도

익룡은 하늘을 나는 척추동물로, 조류에게는 선배인 셈이다. 공룡의 경우와 마찬가지로 익룡의 복원도에 대해서도 의심스런 점이 있다. 복원도를 그린 사람에게 왜 그렇게 그렸는지 물어보고 싶다.

필자가 어린 시절에 도감에서 본 익룡은 대개 갈색이나 녹갈색이었다. 어두운 색깔을 지닌 파충류가 날개를 활짝 펼친 무시무시한 자태로 폭발하는 화산을 뒤로 한 채 날아가는 장면이 지금도 생생하다. 그러나 최근에는 화려한 색으로 치장한 익룡의 모습을 자주 볼 수 있다. 빨강, 파랑, 노랑이 아낌없이 들어가 있다. 여기에는 공룡의 영향이 크다. 공룡이 조류의 조상이라는 사실이 밝혀지면서 어두운 갈색 공룡보다는 조류를 연상케 하는 화사한 빛깔의 공룡이 등장하자, 익룡도 화려한 모습으로 변신한 것으로 보인다. 그러나 익룡의 몸이 실제로 어떤 색이었는지는 아직 밝혀지지 않았다. 다만 그들의 생활을 통해 어느 정도 추측은 가능하다.

익룡의 생활

익룡이라면 큰 날개를 이용하여 하늘을 날아다니는 모습이 가장 먼저 떠오를 것이다. 가장 유명한 프테라노돈은 날개를 펼치면 7~9미터나 된다. 가장 큰 익룡으로 알려진 케찰코아틀루스는 10미터 이상이라고 계산한 이론도 있다. 이렇게 큰 날개는 당연히 큰 공기 저항을 받는다. 따라서 익룡의 날개는 날갯짓보다는 활강에 적합하다.

스스로 바람을 일으키는 방식의 날갯짓과 달리 활강은 공기 흐름의 영향을 받는다. 말하자면 공기의 흐름에 좌우된다고 할 수 있다. 에너지 효율 면에서는 유리하지만 민첩성이 떨어지는 단점이 있다. 현존하는 조류 중에서도 긴 날개를 가진 알바트로스류나 콘도르류 등은 활강이 주특기다. 반면 몸집이 작은 익룡은 날갯짓 비행을 자주 했을 것으로 보고 있다. 그렇다 해도 날개가 깃털처럼 복잡한 기관이 아니라 한 장으로 이루어진 구조상 조류만큼 민첩한 비행을 어려웠을 것이다. 대형 익룡의 경우는 활강하기 좋은 장소, 즉 장애물이 적은 개방된 곳을 주된 생활공간으로 삼았을 것이다.

익룡 중에는 어식성 종이 많았다. 그들의 주둥이는 대개 크고 길쭉하며 날카로운 이빨이 많이 나 있다. 이러한 주둥이는 물속에서의 저항을 줄이고 미끄러운 물고기를 단단히 물기에 좋다. 실제로 독일 졸른호펜에서 발견된 람포린쿠스의 목구멍에는 물고기 뼈화석이 있었다.

필자도 익룡이 물고기를 잡아먹으며 살았다는 견해에 동의한다. 그들은 강이나 호수, 바다 등 장애물이 별로 없는 장소에서 물고기를 낚아챘

콘도르
매목 콘도르과의 새. 남미에 서식하며 일반적으로 안데스콘도르라고 통칭되고 있다. 콘도르과는 남북 아메리카에 분포한다. 독수리와 혼동하기 쉽지만 조류의 분류군에 독수리라는 항목은 없다. 유라시아에서 아프리카에 걸쳐 널리 분포하는 구세계의 벌처Old world vulture와 콘도르류를 합쳐 독수리라고 부르는 것이다.

졸른호펜
졸른호펜산 석재는 쥐라슨이라는 상품명으로 대형 가구 전문점이나 홈센터에서 판매되고 있다. 주로 벽재용으로 쓰이는데, 그중에 화석이 포함되었을 수도 있다. 시내에서 하는 화석 찾기 놀이도 재미있을 듯하다.

어린 시절의 공룡도
당시 공룡은 단조로운 색이었
다. 어른들도 단조로운 색을
더 멋지다고 여긴 편이었다.

을 것이다. 눈을 감으면 바다 위를 유유히 날면서 물고기를 노리는 익룡
의 모습이 그려진다. 이때 핵심은 탁 트인 공간에서 하늘을 날았다는 사
실이니, 잘 기억해두길 바란다.

부자연스러운 벗

익룡을 잘 살펴보면 특징적인 점을 발견할 수 있다. 그들의 머리에 달
린 큰 벗이다. 때로는 머리보다 큰 벗을 달고 있어 비행에 방해되지 않았
을까 싶을 정도다. 그중에서 특히 심한 종은 닉토사우루스다. 닉토사우루
스의 머리에는 둘로 갈라진 막대가 붙어 있는데, 그 길이가 두개골의 세
배에 이른다. 누가 봐도 방해물이다. 타페야라류는 머리뿐만 아니라 부리
에도 뿔 같은 것이 달려 있다. 이것들은 납작한 형태라서 앞으로 나아갈
때는 공기 저항을 덜 받지만 측면 바람에는 취약하다. 크기도 커서 눈에
띄며, 익룡의 종류에 따라 그 모양이 다양하다. 쥐라기 익룡은 꼬리도 길
었다. 꼬리 끝에는 장식이 달려 있는데 종마다 독특한 형태로 진화했다.
이러한 장식이 왜 필요한지에 대해서는 수직 날개의 기능, 근육이 붙는 위
치, 체열의 발산 등 다양한 주장이 있다.

같은 종의 익룡이라도 벗의 크기와 모양이 다른 경우가 있다. 암컷과
수컷의 차이라는 가능성이 제시되기도 했는데, 그렇다면 암수 공통의 기
능은 아니었을 것이다. 물론 그런 경우도 있었겠지만 주요 기능은 아니었
을 것이다. 결론적으로 벗은 수컷이 암컷을 유혹하기 위한 장식물이라는
인식이 지배적이다.

이러한 장식은 단순히 암컷과 수컷의 관계로 발달된 건 아닐 것이다.
물론 역학적 기능보다는 장식적 용도였을 테지만, 수컷이 암컷에게 보이

깃털 색으로 서로를 인식하는 오리류

청둥오리

쇠오리

흰뺨검둥오리

울음소리로 서로를 인식하는 솔새류

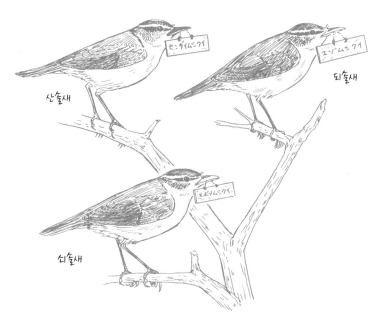

산솔새

되솔새

쇠솔새

익룡은 왜 볏이나 꼬리에 달린 장식으로 식별할까. 아무리 생각해봐도 익룡의 볏은 너무 커서 방해만 되었을 텐데 말이다. 여기서 중요한 것이 바로 익룡의 서식지다.

기 위해서라기보다는 다른 종에게 보여주는 쪽이었을 것으로 해석된다. 서식 장소의 특성을 토대로 추리할 때 부자연스러운 볏은 서로의 종을 식별하기 위한 용도였을 수 있다. 초능력을 지니지 않은 한 동물은 어떤 식으로든 상대가 같은 종인지 다른 종인지 식별해야 한다. 무턱대고 다른 종과 짝짓기를 해버리면 새끼도 얻지 못할뿐더러 번식 기회마저 놓치기 때문이다. 게다가 다른 종을 상대로 불필요한 영역 싸움을 벌여야 한다. 그 결과 돌아오는 건 상처뿐이다. 결국 같은 지역에 서식하는 근연종은 서로의 종을 식별하는 방법을 진화시켜야 했다.

새를 보자. 오리류는 생김새가 거의 비슷하다. 그러나 각각의 수컷은 다양한 색깔의 특징을 지니고 있다. 인간의 눈에도 헷갈릴 일이 없다. 청둥오리의 목에는 흰 고리가 있고, 흰뺨검둥오리의 부리 끝은 노랗고, 쇠오리의 엉덩이에는 노란 삼각형 무늬가 있다. 외형의 차이를 만들어 서로의 종을 인식하는 것이다. 어두운 숲에 사는 새 중에는 서로 비슷하게 생긴 종들도 있지만 전혀 다른 울음소리로 상대를 구분한다. 예를 들어 산솔새, 되솔새, 쇠솔새는 겉모습이 닮았지만 각기 찟쭈잇, 히쯔, 삐삣, 쪼리쪼리 하고 울기 때문에 헷갈릴 일이 없다. 이런 특징이 수컷에게만 나타나는 이유는 짝짓기 할 때 암컷이 수컷을 선택하며 수컷끼리만 영역 싸움을 하기 때문이다.

깃털의 색상 차이가 큰 오리류는 시각적으로 서로를 인식한다. 솔새류는 깃털 색은 비슷하지만 울음소리로 서로를 인식한다.

역광逆光의 세계에 오신 것을 환영합니다

그들의 서식지는 당연히 하늘이다. 비행 중인 새가 위를 올려다봤을 때 그 시야는 어떠할까? 하늘에는 태양이 떠 있으니, 눈부신 역광의 세계다. 그 아래에 바다가 펼쳐져 있다면? 바다가 햇볕을 반사하기 때문에 내려다봐도 역광의 세계다. 날아다니는 생활이란 자기도 대상도 늘 움직인다는 것을 의미한다. 이러한 상황에서 미묘한 색상 차이로 서로의 모습을 확인한다는 건 별 의미가 없다. 한눈에 구분할 수 있는 형태의 차이가 중요하다. 빠른 속도로 날아다니는 새 중에서 우리에게 친숙한 제비를 비교해보자. 서식지를 공유하는 제비와 제비류에 속하는 흰턱제비를 구별하는 방법은 쉽다. 제비의 꼬리는 전형적인 제비형인 V자 모양이다. 그에 반해 흰턱제비의 꼬리는 짧은 주걱 모양이다. 서로 다른 실루엣으로 구분이 된다. 익룡이 쓸데없이 커다란 장식을 진화시킨 이유는 바다 위 하늘이라는 역광의 세계에 살았기 때문일 것이다.

자, 드디어 익룡의 색을 말할 차례가 왔다. 먼저 하늘을 무대로 생활하는 새들부터 살펴보자. 제비나 칼새류는 등이 검은색이고 배가 흰색인 개체가 많고 허리만 흰색인 것도 있다. 목에 빨간색을 띠는 종도 있지만, 대부분 흑백 인쇄로도 우리는 종을 식별할 수 있다. 바다에서 생활하는 슴새, 제비갈매기, 바다쇠오리도 흑백 그림으로 충분히 표현할 수 있을 만큼 색채다운 색채는 거의 없다. 흰색과 검은색도 세세한 모양의 차이가 아니라 눈에 잘 띄는 뚜렷한 대비를 이루고 있다. 예를 들어 꼬리만 하얗거나 허리만 하얗거나 머리의 반만 까맣다. 때로는 흰제비갈매기처럼 새하얀 새나 검정제비갈매기처럼 새까만 새도 있다.

그렇다면 익룡도 기본적으로 흑백 구조였을 것으로 추정할 수 있다. 검은색을 띠는 멜라닌 색소는 자외선으로부터 피부를 지켜주기 때문에 항상 햇살을 받는 등판은 검은색이 기본이다. 색소를 만들려면 에너지가 소비되기 때문에 복부는 에너지 절약 차원에서 흰색이 기본이다. 종에 따라 허리만 흰색이거나 꼬리만 흰색일 수도 있다. 물론 명확한 종별 차이를 위해 몸이 전부 흰색이나 검정색인 것도 있을 수 있다. 빨간색이나 노란색 등 화려한 색상이 약간 포함된 종도 있었을 것이다. 이러한 색상은 비행 중에는 별 효과가 없지만 다른 종과 번식지 공간을 공유하는 경우 지상에서 서로를 인식하는 데는 도움이 될 것이다. 그러나 보조적인 기능일 뿐이다. 기본적으로는 비행할 때도 인식하기 쉽도록 대비 효과가 뛰어난 흰색과 검은색을 지녔을 것이다.

앞으로 익룡 도감을 그릴 분들은 꼭 이러한 모습으로 그려주길 바란다. 흑백 인쇄로도 충분하니까 비용 대비 큰 효과를 거둘 수 있을 것이다.

하드로사우루스는
관현악을 좋아해

공룡 영화를 보면 종종 공룡의 울음소리를 들을 수 있다. 조류는 울음소리를 이용한 커뮤니케이션이 잘 발달해 있다. 반대로 공룡의 조상인 파충류는 소리를 잘 내지 않는다. 과연 공룡은 울었는지, 울음소리를 내는 것에 무슨 의의가 있었는지 알아보자.

울지 않아도 우는 것 같은 파라사우롤로푸스

공룡의 목소리를 재현하는 것만큼 어려운 일은 없을 것이다. 소리의 실체는 공기가 떨리는 '진동'이다. 진동하는 공기 자체를 보존하는 방법은 현재까지는 존재하지 않는다. 인류가 소리를 실감나게 기록·재생할 수 있게 된 것은 에디슨이 1877년에 축음기의 원조 모델인 포노그래프를 발명하면서부터다. 하지만 인간은 진동을 재현하는 방법만 고안해냈을 뿐 진동 자체를 저장하는 방법은 발명되지 않았다. 당연한 말이지만, 공기의 진동은 화석에 흔적을 남기지 않는다.

영상물은 공룡의 매력을 전달하는 중요한 매체다. 공룡의 외형에 대한 다양한 연구가 진행되고 있으며, 더디게나마 실제의 모습을 재현하려는 노력도 이어지고 있다. 일부 종에서는 피부 화석이 발견된 덕분에 깃털 색상이 재현되고 있고, 뼈의 구조로 근육의 양과 체형을 추정하는 연구도

에디슨
토머스 에디슨. 포노그래프(축음기), 전화, 전구 등을 실용화한 발명가.

진행되고 있다. 하지만 소리에 관한 연구는 거의 없다.

여기 죽은 꾀꼬리 한 마리가 있다고 치자. 이 꾀꼬리는 살아 있을 때 '호호케쿄' 하는 소리를 냈다. 일본에서는 유치원 때부터 꾀꼬리의 울음소리를 가르치기 때문에 이 소리를 모르는 사람이 없다. 그러나 죽은 꾀꼬리의 모습이 아무리 아름다워도 우리는 그 형태만으로 소리를 재현해 낼 수 없다. 몸의 크기나 명관 길이를 관찰하여 음 높이 정도는 추정할 수 있겠지만 이 갈색의 수수한 새가 '호호케쿄' 하고 울었다는 사실은 알 수가 없다.

TV 화면 속의 공룡은 '크아!' 하는 소리를 내는데, 이것은 육식 포유류와 악어의 소리를 반씩 섞은 것 같다. 악어는 대지를 뒤흔드는 낮은 목소리로 '오~' 하고 운다. 악어는 현존하는 동물 가운데 비교적 공룡에 가깝기 때문에 악어 소리가 주로 참고되고 있다. 악어의 울음소리를 들어본 적이 없다면 아타가와 바나나 악어원[일본의 유명한 동물원]에 가서 소리를 들어보길 권한다.

공룡 중에서 파라사우롤로푸스는 몸의 구조로 소리를 추정할 수 있는 종으로 유명하다. 파라사우롤로푸스는 백악기 후기에 서식했던 조각류에

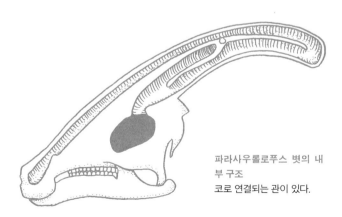

파라사우롤로푸스 볏의 내부 구조
코로 연결되는 관이 있다.

속하는데 머리에 달린 큰 볏이 인상적이다. 볏 안에는 코로 통하는 관이 있으며 이것을 공명 기관으로 삼아 소리를 내는 것으로 알려져 있다. 구불구불 접혀 있는 이 관을 펴면 수 미터나 된다. 관의 구조를 컴퓨터 모델로 재현하여 어떠한 소리가 발현되는지를 추적하는 연구도 진행되었다. 그 결과 대형 관악기와 같은 굵은 소리를 내는 것으로 밝혀졌다.

현대 조류 중에서도 두루미나 백조처럼 큰 새는 트럼펫 같은 관악기 소리를 내는데, 이는 기관지가 길기 때문이다. 새는 아래쪽에 있는 명관이라는 곳에서 울림을 일으키고 기관지를 통해 나올 때 소리가 된다. 조류의 발성 기관은 대부분 명관에서 목을 지나 입으로 이어지는 길이가 짧은데, 두루미나 백조 같은 새는 속이 빈 흉골 내부에 기관이 구불구불 접혀 있어 기관지가 매우 길다. 이런 형태는 호흡 기능을 돕기보다는 소리를 내기 위한 기능으로 생각된다. 이와 마찬가지로 파라사우롤로푸스의 볏도 비슷한 기능을 담당한 것으로 보인다.

명관
조류의 발성 기관. 기관이 좌우 기관지로 나뉘는 분기부에 위치한다.

공룡은 아름다운 노랫소리를 낼 수 있었을까?

공룡은 새의 조상이다. 새소리 하면 어떤 소리가 떠오르는가? 아마도 계곡에서 울려 퍼지는 굴뚝새의 청아한 지저귐 또는 아고산대의 숲에 사는 큰유리새의 유리알 구르는 듯 맑고 청명한 지저귐일 것이다. 이처럼 조류 중에서도 가장 최근에 진화한 참새목 종류는 아름다운 소리를 가지고 있다. 조류 중에서 비교적 오래전에 진화한 타조나 꿩, 오리류는 울음소리가 단순한 편이다. 안타깝게도 공룡에게서 아름다운 노랫소리를 기대하기는 어려울 것 같다.

조류 중에서 참새목, 앵무새, 벌새목 부류는 소리를 배운다. 이들은 다

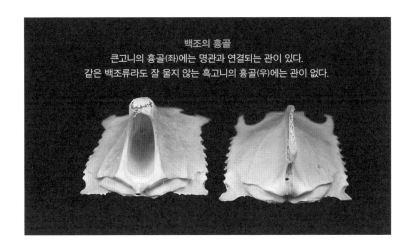

백조의 흉골
큰고니의 흉골(좌)에는 명관과 연결되는 관이 있다.
같은 백조류라도 잘 울지 않는 흑고니의 흉골(우)에는 관이 없다.

른 개체의 지저귀는 소리를 듣고 연습하여 더 고운 소리를 만들어낸다. 앵무새목도 참새목처럼 비교적 최근에 진화한 그룹이다. 그 밖의 부류는 소리를 내는 능력이 유전으로 정해져 있기 때문에 성장한 뒤에는 저마다 특유의 소리를 낸다. 물론 정교한 지저귐은 아니다. 공룡의 소리도 정교하지 않고 단순했을 것이다.

동물이 소리를 내는 데는 이유가 있다. 사람은 간혹 소통을 목적으로 하지 않는 혼잣말도 하지만, 일반적으로 음성은 커뮤니케이션의 도구다. 소리를 내는 쪽이 있고 그 소리를 듣는 쪽이 있는 것이다. 이제 조류의 소리가 어떤 기능을 하는지 알아보자.

새는 주로 종의 식별, 구애, 영역 표현, 경계, 무리 짓기, 개체 구분을 할 때 소리를 낸다. 그리고 종별로 한 가지의 음만 보유한 게 아니라 상황에 따라 다른 소리를 낸다. 꾀꼬리도 호호케쿄뿐만 아니라 쩍쩍, 케쿄케쿄케쿄 등 상황에 따라 다양한 소리를 낸다.

조류는 음성 소통이 발달한 생물이다. 반면 현재의 파충류는 음성 소통이 그다지 발달해 있지 않다. 그렇다면 공룡은 그 둘 사이의 어디쯤에 있을까. 소리는 먼 곳까지 의사를 전달시키는 도구다. 이러한 수단이 계속 진화하려면 먼 개체와 연락을 취했을 때 자기에게 돌아오는 이익이 있어야 한다. 아무런 인연도 연고도 없는 개체와 통신하는 데 의의를 두는 종은 인터넷 세계에서 살아가는 인간뿐이다. 동물들은 의미 없는 커뮤니케이션이나 트위터, 페이스북 같은 건 하지 않는다.

영역 표현의 소리는 자기 영역권을 침범할 만한 주변 개체를 대상으로 하고, 구애나 무리를 짓기 위한 소리는 자신과 가까운 범위에 있는 개체를 대상으로 할 것이다. 경계의 소리는 포식자가 공격 가능한 범위까지 도달해야 효과가 있다. 이른바 소리는 그 소리를 들어야 할 상대방이 있는 범위까지 도달해야 한다. 그런데 날개를 가진 조류는 시야 범위를 벗어나는 곳까지 빠르게 이동할 수 있기 때문에 때에 따라서는 그들이 내는 소리는 1킬로미터 이상까지 전달할 수 있다.

누구를 위하여 공룡은 울었는가?

공룡에게 소리를 이용한 소통은 어떤 의미였을까? 우선 소리를 낸다는 것은 자기를 드러내는 신호다. 원래 포식자의 위협이 있는 상황에서 소리를 내면 눈에 띄기 때문에 웬만하면 소리를 내지 않는 게 기본이다. 즉 목숨을 걸 만큼 중요한 이익이 아니라면 소리를 내지 않는 법이다.

개방된 공간에 사는 공룡에게 음성 소통이 필요한 상황을 생각해보자. 가장 먼저 떠오르는 것은 역시 구애 상황이다. 그러나 주변의 포식자를 확인할 수 없는 장소에서는 금물이다. 자칫하면 아리따운 이성이 아니라 굶주린 티라노사우루스가 찾아올 수 있다. 그렇다면 언덕이나 바위 등 주변을 감시할 수 있는 위치에서 소리를 내는 것이 좋다. 근처에 의심스런 개체가 있을지도 모르니 일단 큰 소리를 내기보다는 시각적인 구애 방식을 선택할 것이다. 다만 무리 지어 다니는 초식 공룡보다는 단독 생활을 하는 육식 공룡을 대상으로 상상해보자. 이들은 단독 생활을 하기 때문에 같은 장소에서의 영역 선언이 허용된다.

분명 그 목소리는 저음일 것이다. 소리의 높낮이는 거의 주파수의 차이다. 즉 주파수가 높으면 고음이고 주파수가 낮으면 저음이다. 일반적으로 주파수가 높은 소리는 장애물에 부딪치면 에너지가 줄어들거나 사라지기 때문에 멀리까지 소리를 전달하기에는 저음이 유리하다. 그 소리는 단순해도 상관없으나 멀리서 들을 때 같은 종의 소리임을 느껴야 하므로 종

마다 다른 특성을 지녔을 것이다. 예를 들어 '크아' 하는 소리만 질러서는 동종을 인식할 수 없다. 간단하면서 쉽게 종을 구별시켜주는 리듬이 중요하다. '푸푸푸'나 '피피피'나 '풋포풋포'처럼 말이다.

이제 암컷에게 자신의 존재를 눈도장 찍기만 하면 게임 끝이다. 번식기가 되면 그들은 포식자를 감시할 수 있고 자기 존재를 돋보이게 해주는 언덕으로 향할 것이다. 그러면 평소에는 조용하던 언덕 여기저기에서 육식 공룡의 '푸푸' 소리가 쉴 새 없이 울려 퍼졌을 것이다. 이것이 중생대의 흔한 정경 아니었을까?

육식 공룡은 특성상 무리를 짓지 않지만 때에 따라서는 단체 행동을 했을 것이다. 외로움에 몸부림치며 울부짖어도 암컷이 봐주지 않을 때는 다른 수컷과 공동 작전을 펴는 것도 한 방법이다. 목소리에 자신 있는 공룡들이 매년 그곳에 몰려들어 암컷을 유혹하기 위해 애절하게 떼창을 했을 것이다. 이런 경우 암컷과 만날 확률이 훨씬 높아진다. 공동 작전으로 암컷을 유혹한 뒤에는 어제의 동지가 오늘의 적이 되는 상황이 벌어진다. 암컷을 둘러싼 경쟁이 시작되는 것이다. 사실 여기에는 이 미남 집단을 노리는 포식자들로 하여금 경연장을 둘러싸게 하는 위험 부담이 따른다. 결국 경연장 한쪽에서는 커플이 달콤한 사랑을 속삭이고 반대쪽에서는 포식자를 상대로 아비규환의 사투가 벌어진다. 천국과 지옥이다. 이런 행사가 항상 열린다면 몸이 성할 날이 없을 것이다. 즉 공룡의 노래 경연대회는 1년에 며칠만 열리는 최대의 이벤트인 것이다.

공룡은 울지만 카라반은 간다

무리 지어 생활하는 공룡이라면 다른 목적으로 소리를 사용했을 수도

음성 커뮤니케이션
동종끼리의 식별, 영역 표현, 암컷을 향한 구애 등 다양한 목적으로 이용됐을 것이다.

양날의 검

황금새, 큰유리새, 붉은가슴
울새 등은 수컷의 깃털 색이
아름답다. 봄철이면 이들은
비교적 눈에 띄는 장소에서
큰 소리로 지저귄다. 수컷들
은 서로 눈에 띄려고 애를 쓴
다. 당연히 포식자의 표적이
될 위험도 크지만, 그들은 여
전히 생존해왔다.

있다. 무리를 형성하는 것은 주로 초식 공룡이다. 개방된 지역에 산다면 시각에 의지하여 종족을 찾을 수 있겠지만 어두컴컴한 숲속에서는 모습을 식별하기 어렵기 때문에 음성 소통이 효과적이다. 우선 서로의 위치를 알아야 한다. 이럴 때는 주파수가 낮은 소리를 내는 게 효과적이다. 주파수가 높은 소리는 소멸되기 쉽고 멀리까지 들리지 않지만 주파수가 낮은 소리는 멀리까지 전달된다. 즉 소리를 듣는 대상은 주파수의 높고 낮음으로 발신자와의 거리를 추측할 수 있다.

그러나 이 또한 양날의 검이다. 근처 나무 그늘에서 포식자가 튀어나올 수도 있기 때문이다. 포식자를 발견했다면 잽싸게 달아나기 전에 짧은 경계의 신호를 동료에게 전해야 한다. 무리를 형성해라, 조심해라 등의 소리다. 이 소리가 너무 크면 또 다른 포식자를 불러들이는 꼴이 될 수도 있다. 공룡은 새처럼 빠르게 자리를 옮길 수 없기 때문에 소리를 내는 데 시간을 허비하지 않고, 바로 이때다 싶을 때만 울음소리를 냈을 것이다. 포식자 또한 습격하기 전에 '크아' 하고 소리를 지르면 그 틈에 먹잇감이 달아나버릴 터다. 중생대에는 아름다운 새들의 합창 같은 멜로디가 울려 퍼지지는 않았을 것이다. 하지만 밤이 되면 이야기는 달라진다. 시각에 의존할 수 없는 밤에는 소리의 소통 가치가 높아지므로, 해 저물녘이면 여기저기서 공룡의 울음소리가 울려 퍼졌을 것이다. 이 풍경은 야행성 공룡의 장에 양보하기로 하고, 여기에서는 낮 시간대의 조용한 공룡의 모습을 상상하기로 하자.

강한 공룡에게는 독이 있다

주변에서 볼 수 있는 많은 생물은 독을 지니고 있다. 독은 방어에서 포식까지 다양한 목적으로 이용되고 있다. 영화 「쥐라기 공원」에는 독을 내뿜는 공룡이 등장한다. 실제로 공룡에게 독이 있었을까?

왜 나에게는 독이 없는 것일까?

독은 사람을 유혹하는 힘이 있다. 닌자 또는 세계적으로 유명한 첩자는 (영화에서) 독을 무기로 사용한다. 힘으로 대적할 수 없는 상대에게 독을 쓰면 (영화에서) 게임 끝이다. 역사적인 인물들은 (영화에서) 독살되었다. 아시다시피 야생 동물 중에는 독을 지닌 종이 많다.

자, 그러면 척추동물 중에는 어떤 동물이 독을 가졌을까? 단연 먼저 떠오르는 것은 복어다. 카노 마츠오 바쇼의 하이쿠에는 이런 구절이 있다. "아이고, 아무 일 없구나. 어젯밤 복국을 먹었는데." 복어를 먹었는데 죽지 않은 것이 놀랍다는 내용이다. 그 밖에도 가오리나 쏠종개 등 독을 지닌 물고기가 꽤 많다. 세계에서 가장 독성이 강한 동물은 독개구리과에 속하는 황금독화살 개구리다. 콜롬비아 엔베라족은 독화살을 만들 때 이 개구리의 독을 이용하는 것으로 유명하다. 두꺼비, 일본 붉은배도롱뇽 등도

독
인간은 생활에 독을 능숙하게 이용할 줄 알지만 독을 지니고 있지는 않다. 참으로 불행한 일이다.

닌자忍者
일본 센코쿠 시대에 활약한 첩자단 또는 개인 첩자를 일컫는 말. 그중에서도 이가닌자와 코가닌자가 가장 유명하며 각지에서 그들의 활동 흔적이 확인되고 있다. 랏파亂波, 슷파素波, 노키자루軒猿, 구사草 등 부르는 호칭도 다양하다. 가뢰과나 각시투구꽃의 독을 이용한 것으로 알려져 있다.

피부에 독이 있다. 그리고 일본인에게 친숙한 독사인 살무사나 반시뱀이 있고, 킹코브라나 블랙맘바도 있다. 파충류 중에는 독도마뱀이나 코모도왕도마뱀 외에도 꽤 많다. 자, 이제 공룡에게도 한번 기대를 걸어볼까?

공룡이나 악어, 거북이 같은 용형류는 기본적으로 독이 없는 것으로 알려져 있다. 실제로 악어나 거북이는 독이 없다. 악어는 한번 물면 끝장을 내는 날카로운 이빨이 있고 거북이는 딱딱한 등딱지로 충분히 방어할 수 있기 때문에 독 따위는 필요 없다. 그럼 공룡은 어떠할까?

독을 품게 되는 이유는 크게 두 가지다. 포식자에 대한 방어 그리고 먹이 사냥을 위한 공격이다. 때에 따라 동종 간의 싸움에 활용되기도 하지만 그런 경우는 드물다. 원시적인 포유류인 오리너구리는 뒷다리에 난 발톱에 독이 있는데, 수컷에게만 생성되기 때문에 수컷 싸움에 사용된다고한다. 그러나 죽음에 이를 만큼 맹독은 아니고 무력화하는 정도라 한다. 싸움을 끝내고 녹초가 되어 주저앉아 있는 오리너구리를 상상하니 다소 안심이 되지만 동종끼리 싸우면서 독까지 사용하는 건 좀 심하다는 느낌이다. 뭐, 인간도 가끔 그러긴 하지만 말이다.

포식자에 대한 방어용 독의 흔적을 공룡 화석에서 찾기는 어렵다. 공

룡은 몸집이 작은 개체라도 크기가 웬만큼 되기 때문에 포식자는 공룡을 통째로 삼키지 못했을 것이다. 즉 포식자가 공룡의 살점을 뜯어먹었다고 할 때 공룡으로서는 습격받기 쉬운 부위에 독을 품었을 것이다. 피부 표면이나 피하조직, 근육, 내장 등이 아니었을까? 실제로 독개구리는 피부 표면에, 두꺼비는 피하층에, 복어는 내장에 독을 지니고 있다. 이 부위들은 부드러운 조직이라 화석으로 그 증거가 남기 어렵다.

반대로 공격하기 위한 독은 무기로 쓸 수 있는 부위에 장착한다. 발톱이나 송곳니 같은 곳이다. 뱀을 제외한 파충류 중에서는 독도마뱀류와 코모도왕도마뱀만 독을 지니고 있는데, 모두 이빨 부위에 저장되어 있으며 발톱에는 없다. 포유류 중에는 앞서 말한 오리너구리 외에 솔레노돈 등의 땃쥐류가 침 속에 독을 품고 있다. 오리너구리만 발톱에 독을 가지고 있는 셈이다. 대체로 공격하기 위한 독은 입 주변에 있다고 보면 된다. 포유류나 조류는 공격할 때 발톱도 쓰지만 대개의 동물은 입이 주된 무기이기 때문이다.

송곳니에 독이 있는 대표적인 생물은 단연 뱀이다. 독사의 송곳니는 두 가지 형태가 있다. 주삿바늘처럼 관 모양으로 생긴 것과 홈이 있는 것이다. 전자는 살무사나 반시뱀 등에서 볼 수 있으며, 후자는 코브라 등에서 볼 수 있다. 어느 쪽이든 이빨의 형태로 남기 때문에 화석 증거를 확인할 수 있다. 참고로 뱀의 독은 공격뿐만 아니라 방어용으로도 이용되는데, 원래의 목적은 먹이를 사냥하기 위한 공격용이고 방어하기 위한 것은 이차적으로 진화한 것이다.

독 공룡의 진실

지금까지 숨겨오긴 했는데, 독을 가졌으리라 추정되는 공룡이 발견되고 있다. 바로 시노르니토사우루스라는 작은 공룡으로, 중국의 백악기 전기 지층에서 발견된 드로마에오사우루스류에 속한다. 드로마에오사우루스류는 조류로 이어지는 공룡군이다. 비행은 불가능했겠지만 조류와 비슷한 깃털이 발견되고 있다. 이들의 긴 송곳니에 홈이 발견된 것을 보면 그곳에 독을 저장했을 가능성이 있다. 여하튼 독이 있는 동물은 이름 앞에 '독'이라는 단어를 붙일 수 있기 때문에 앞으로는 독 공룡이라고 부르도록 하겠다.

이 공룡이 독을 가지고 있었는지에 대해서는 많은 의혹이 있지만 아직까지는 그 가능성이 부정되지 않았다. 또한 독의 가능성을 제기한 논문에서는 이 공룡의 주된 먹잇감이 새였을 것으로 보고 있다. 그 주장의 근거는 긴 송곳니다. 새의 깃털을 뚫고 피부까지 닿기 위해 긴 송곳니를 갖게 되었다는 논리로, 유추일 뿐 직접적인 증거로 확인된 것은 아니다. 결국 독을 사용한 대상이 어떤 동물인지는 명확하지 않은 상태다.

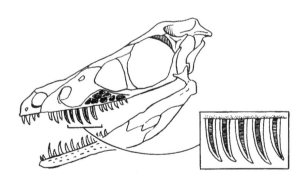

시노르니토사우루스의 독선毒腺
이빨에 난 홈은 독을 넣기 위한 공간이 아니었을까 추측하고 있다.

독이 걸어온 길, 독이 가야 할 길

여기서 생각해볼 점이 있다. 독은 언제부터 생겨난 것일까 하는 것이다. 독 공룡의 조상도 독을 가지고 있었을까? 시노르니토사우루스는 백악기 전기 지층에서 발견되었으니 공룡 시대로 보면 상당히 나중에 속한다. 그러나 시노르니토사우루스의 조상들 중에 이빨에 독선을 가진 공룡은 없다. 물론 아직 발견되지 않았다고 말할 수도 있다. 트라이아스기에서 쥐라기까지 존속한 독 공룡이 있었다면 하나라도 발견되기를 기대해본다. 어쨌거나 공룡의 독이빨은 조상으로부터 물려받았다기보다는 새롭게 획득한 경우로 볼 수 있다.

독이빨을 독자적으로 개발했다는 건 그 쓰임새가 있었다는 말이다. 독을 만드는 데는 꽤 많은 에너지가 들었을 테고, 초기에는 독성도 약했을 것이다. 어찌됐건 독이 어떤 경우에 유용했을지 생각해보자. 단번의 공격으로 먹잇감을 해치울 수 있다면 독 따윈 필요치 않았겠지만 한눈파는 사이에 잡아놓은 먹잇감이 달아날 수도 있으니 독으로 마비시켜야 했을 것이다. 그렇다면 공룡이 조류를 사냥했다는 주장에도 일리가 있다. 조류는 꽁지를 빼고 도망칠 수 있고, 도주 경로가 삼차원적이기 때문에 일단 달아나면 다시 잡기가 어렵다. 따라서 독을 주입하여 신경계를 마비시키면 먹이가 잠시 도망쳤더라도 이내 수거할 수 있다.

하늘 세계로 진출한 이후 포식자로부터 해방된 새들은 급격히 개체 수가 늘었고, 늘어난 새를 식량으로 삼기 위해 독이라는 비밀 병기를 새롭게 획득한 스토리일까? 그렇다면 군비 확장 경쟁의 측면에서 매우 흥미로운 이야기다. 우연의 일치일 수도 있지만, 신기하게도 이러한 추리는 공룡이 송곳니를 활용하여 새를 잡아먹었다는 주장과 연결된다.

유감스럽게도 현대 조류 중에는 독 이빨을 가진 새가 발견되지 않았다.

도주 방지
자연 생태계에는 전기를 발생시키는 동물이 있다. 전기뱀장어는 전기를 발생하여 사냥감을 기절시키는 방식으로 달아나지 못하게 한다.

우연의 일치
세상에는 우연이나 행운이라
는 것이 존재하며, 이런 것을
너무 부정하는 건 좋지 않다.

독을 가진 새
중국 고대 문헌에 등장하는
짐조鴆鳥라는 새는 독사를
잡아먹어 독을 얻은 것으로
알려져 있다. 또 사람은 그
깃털로 담근 술로 독살하는
데 이용했다는데, 현재까지
이 새의 존재는 확인되지 않
았다.

알칼로이드계 독
알칼로이드는 천연 유기 화
합물의 하나다. 식물이나 균
류 등에 포함되어 있으며 다
른 생물에 유독하다. 모르핀
등이 유명하다.

새는 이빨이 없기 때문이다. 물론 부리나 발톱에도 독이 없다. 독을 이용하여 먹이를 잡는 007 스타일의 능력은 조류로 이어지지 않고 소실된 것이다. 그러나 독을 가진 새는 존재한다.

관모 피토휘나 베리어블 피토휘를 포함하는 피토휘나 이프리타, 작은 때까치지빠귀 등 뉴기니섬에 서식하는 새는 근육이나 깃털에 호모바트라코톡신이라는 알칼로이드계 맹독을 지니고 있다. 이 독은 체내에서 자체적으로 생성하는 게 아니라 잡아먹은 곤충에 들어 있는 독을 축적한 것으로 추정된다. 근육이나 깃털에 독이 있는 것으로 보아 사냥용이 아니라 방어용이라는 추리가 가능하다. 참고로, 새의 독을 맨 처음 발견한 사람은 새를 연구하던 대학원생이다. 1990년 그는 조사를 위해 피토휘를 포획하다가 손가락을 다쳤는데, 손가락의 상처를 입으로 빠는 순간 혀와 입이 마비되는 느낌이었다고 한다. 그때 이후 피토휘의 깃털에 독을 있음이 밝혀졌다.

이들 새 말고는 독이 있는 새가 발견된 적이 없기 때문에 독은 조상으로부터 물려받은 것이 아니라 스스로 획득한 것이라 볼 수 있다. 체내에서 독을 생성하는 능력을 진화시키기는 어렵지만 외부에서 가져오는 방식이라면 그리 힘든 게 아닐 수도 있다. 오늘날 독을 지닌 곤충이나 식물

관모 피토휘

은 많이 발견되지만 공룡 시대에도 마찬가지였을 것이다. 특히 흉악한 육식 공룡이 활보하던 시절, 포식자로부터 몸을 지켜야 하는 약소 공룡 중에는 음식에서 독을 추출하여 방어용으로 사용한 개체가 있었을지 모른다. 아니, 있었다고 봐야 한다. 박물관에서 소형 공룡의 미라 화석을 볼 기회가 있다면 슬쩍 피부를 만져보도록. 자극적이고 찌릿한 느낌과 함께 새로운 발견을 하게 될지 누가 알겠는가.

미라 화석
피부 화석도 발견되고 있으며, 그중에는 내장 같은 연부조직 화석도 있다. 그러나 결국은 광물이기 때문에 혀로 핥아도 미네랄 성분이 공급될까 말까 할 정도도.

공룡은 빵만으로
사는 것이 아니다

공룡이 무엇을 먹고 살았는지는 여전히 수수께끼투성이다. 육식인지 초식인지 잡식인지 정도는 알 수 있으며, 위장을 분석하면 그 내용물도 어느 정도 추측할 수 있다. 그러나 실제로 어떻게 먹었는지는 영원한 미스터리다. 이제 눈으로 확인할 수 없는 공룡들의 식사 풍경을 과감히 파헤쳐보겠다.

빵과 케이크, 어느 쪽을 선택할 것인가?

삶의 즐거움 중 하나는 먹는 즐거움이다. 누구나 아침식사가 끝나면 4시간 후의 점심시간을 기대하면서 일을 한다. 이것은 음식에 집착하는 개체가 더 많은 자손을 남긴 결과다. TV에 넘쳐나는 맛집 정보는 생존 경쟁이 불러온 당연한 결과며, 음식에 집착하지 않는 개체의 DNA는 불행하게도 세상에서 자취를 감추었다.

맛집 프로그램에 화력을 부여한 것은 인간의 폭넓은 잡식성이다. 이것은 조리와 관계가 있다. 자르고 으깨고 불로 가열하는 등의 방법으로 이빨로 씹을 수 없는 것을 최적의 사이즈로 만들어 소화하기 쉽게 바꾸고 독을 제거하는 등의 과정을 통해 인간은 식성의 폭을 넓힐 수 있었다. 그러나 인간 이외의 동물은 조리 실력이 그다지 좋지 않으므로 먹을 수 있는 음식의 폭이 한정되어 있다.

공룡은 치아와 혀와 내장이라는 도구를 이용하여 식사를 하는데, 이러한 기관은 잘 호환되지 않는다. 단단한 열매나 식물을 눌러서 으깨는 평평한 치아는 고기를 자르거나 찢지 못한다. 또 소화에 시간이 걸리는 식물을 먹기 위해서는 긴 창자가 필요하다. 결국 육식 공룡이나 초식 공룡처럼 특정 음식에 특화된 동물로 진화한다.

하지만 아무거나 먹을 수 있는 것도 생존 전략 중 하나다. 아무 음식이나 먹을 수 있으면 일단 경쟁에서 유리하다. 빵이 없으면 케이크를 먹으면 된다. 그런데 빵을 먹는 데만 특화되어 있으면 케이크를 잘 먹지 못하므로 케이크에 특화된 여성에게 빼앗기고 만다. 케이크 뷔페의 전쟁터에서 버터나이프는 포크를 이길 수 없는 법이다.

음식을 구하기 위해서는 먼저 탐색 능력이 필요하다. 동물은 먹이를 구할 때 닥치는 대로 아무거나 먹는 게 아니라 대상을 정해놓고 탐색한다. 예를 들어 평소 먹는 음식을 머리에 그리면서 유사한 것을 찾으면 효율적으로 발견할 수 있다. 100엔짜리 동전을 염두에 두고 길을 걸으면 자판기 밑에서 운 좋게 동전을 찾을 수 있지만, 무작정 돌아다니면 코앞에 있는 동전도 발견하기 어렵다. 물론 뇌의 처리능력에는 한계가 있기 때문에 탐색 목록을 무한정 늘릴 수는 없다. 탐색 대상을 압축하여 효율적으로 탐색하는 것이 중요하며, 이는 향후 음식 전문가를 배출하는 기초 토양이 된다.

중생대의 식탁

조반목은 기본적으로 초식성으로 알려져 있다. 반면 용반목은 초식인 용각류와 육식인 수각류로 나뉜다. 그들의 식사 광경을 직접 보진 못했으

빵이 없으면 케이크를 노파심에서 하는 말이지만, 마리 앙투아네트가 케이크를 먹는 데 특화되어 있었기 때문에 프랑스 혁명에서 비참한 말로를 맞게 된 것은 아니다.

티라노사우루스의 이빨
가장자리에 톱니가 있다.

니 형태나 서식지를 근거로 공룡의 식성을 추정할 뿐이다. 그중 하나의 단서는 치아 구조다.

티라노사우루스나 알로사우루스와 같은 육식 공룡의 치아에는 고기 자르는 칼처럼 톱니 같은 것이 있다. 이에 반해 스푼형의 치아나 예비 치아 구조는 초식에 적합한 것으로 추정하고 있다. 초식 공룡에서는 포유류처럼 씹어 먹은 흔적이 발견되지 않았다. 하드로사우루스류처럼 발달된 턱과 예비 치아를 이용하여 위아래로 갈아 으깨는 방식으로 먹었을 것으로 보인다.

식성을 추정할 수 있는 다른 단서는 위석胃石이다. 위석이란 이빨이 약한 초식 동물이 먹이를 잘게 부수는 용도로 주워 먹는 돌을 말한다. 현존하는 조류 중에서도 타조는 위석을 주워 먹으며, 닭에게 주는 사료에도 돌을 섞는다. 위석은 질긴 식물을 으깨는 데 적합하기 때문에 초식 공룡의 증거가 되는 경우가 많다. 예를 들어 시노르니토미무스는 수각류지만 위석이 발견되어 초식성으로 추정하고 있다.

물론 직접적인 증거가 발견되는 경우도 있다. 공룡의 내장 부위에서 다른 동물의 화석이 발견되면 소화되지 않은 음식이 화석화된 것으로 해석된다. 예를 들어 스피노사우루스류의 바리오닉스는 물고기의 비늘이 위장에서 발견되어 물고기를 잡아먹었음을 알 수 있다.

도감을 보면 이 공룡은 초식, 저 공룡은 육식, 또 이 공룡은 잡식이라는 식으로 소개되어 있어 다양한 공룡의 식성을 언급하고 있다. 사실 이 책에도 그와 비슷한 말을 여러 번 했다. 그러나 그 근거는 대부분 간접적이고 단편적인 것이고, 진짜 식성이 무엇인지 명확하게 알 수 있는 경우는 드물다. 위장에서 내용물이 발견되었다고 해도 사망 직전에 그것을 먹었다는 사실을 말해줄 뿐 그 종의 대표 식성을 반영하는 것은 아니다. 지금

내가 죽어서 100만 년 뒤에 치로루 초콜릿 화석과 함께 발견된다면 도감
에 어떻게 소개될까. 치로루 초콜릿을 입에 달고 사는 어린애 같은 인간으
로 밝혀진다면 매우 속상한 일이다.

현생 조류의 연구에서도 식성을 밝히는 것은 매우 중요한 과제다. 형태
만으로는 식성을 파악하기 어렵기 때문에 관찰과 배설물 분석을 거듭해야
한다. 이렇듯 식성을 파악하는 일은 간단치 않은 것이다. 예를 들어 주로
씨앗을 먹는 새로 알려진 비둘기는 당연히 농부가 심어놓은 콩을 좋아하
지만 지렁이와 곤충도 잘 먹는다. 참새는 벼 이삭을 쪼아 먹어서 해로운 새
로 취급되지만 새끼를 키울 때는 곤충을 먹는다. 계절이나 나이별로 먹는
종류가 다른 것이다. 물론 매나 올빼미는 거의 완전 육식이고, 슴새는 거의
어식이다. 그러나 전체적으로 보면 동식물을 모두 먹는 잡식성 조류가 많
다. 그래서 형태만으로 파악한 공룡의 식성은 정확하지 않을 수 있다.

초식 공룡의 식성은?

물론 칼처럼 날카로운 이빨을 가진 거대 수각류는 육식성일 테고, 예비 치아가 있는 하드로사우루스는 초식성으로 간주된다. 반면 육식과 초식을 모두 소화할 수 있는 기관을 갖춘 공룡도 적지 않다. 육식성으로 간주되는 수각류에도 초식이나 잡식종이 다수 포함되어 있다. 육식성 수각류라고 해서 공룡 고기만 먹은 게 아니다. 곤충을 먹었더라도 동물성 단백질을 섭취하는 것이므로 육식성인 것이다.

그렇다면 초식성으로 알려진 수많은 조반목이나 용각류는 정말 식물만 먹었을까? 앞서 조류의 식성에 대해 말했듯이 잡식성 개체가 포함되어 있을 가능성이 있는 만큼 동물 행동의 유연성을 간과해서는 안 된다.

현존하는 조류가 먹는 식물은 주로 씨앗이나 열매다. 하늘을 나는 새는 효율적으로 에너지를 얻어야 하기 때문에 가지와 잎처럼 소화가 오래 걸리는 것은 먹이로 선호하지 않는다. 그러나 열매나 씨앗은 계절의 영향을 받기 때문에 공급이 어려운 때가 있다. 또한 몇 주 사이에 어린 새끼를 성체 크기로 성장시켜야 하는 시기에는 단백질과 미네랄이 많이 공급되어야 한다. 그래서 이 시기에는 초식성의 새도 동물성 단백질을 섭취한다.

한편 초식 공룡은 열매나 씨앗뿐만 아니라 잎이나 가지를 포함한 식물 전체를 먹었을 것으로 추정하고 있다. 열매나 씨앗과 달리 잎이나 가지는 계절과 상관없이 아무 때나 얻을 수 있다. 또한 최근에는 공룡의 성장 속도가 빠른 것으로 알려져 있지만, 몸집이 워낙 크기 때문에 유감스럽게도 몇 주 만에 성체 크기로 자랄 수 없다. 그러니 단기간에 단백질을 집중 공급할 필요가 없다. 즉 초식성으로 알려진 공룡은 말 그대로 초식만 했다고 볼 수 있다. 선인들의 판단이 옳았다. 형태를 근거로 내린 판단은 매우 정확했던 것이다. 잠시나마 의심한 점을 반성하며, 과학은 의심하는 데서

바리오닉스
어식성인 악어 가비알과 입모양이 닮아서 어식성으로 추정되고 있다.

해로운 새 취급
참새는 해로운 새라고 해서 닥치는 대로 잡아들인 결과 농작물에 피해를 주는 곤충이 증가했다는 기록이 있다.

부터 발전한다지만 선배들의 연구를 겸허히 받아들이는 것도 중요한 것 같다.

맛은 누구를 위한 것인가?

공룡은 종에 따라, 고기, 물고기, 식물, 곤충 등 다양한 음식을 먹는다. 그러나 먹을 수 있다 해서 모든 걸 먹은 건 아니다. 음식을 먹고 싶은 욕구를 불러일으키는 원인에는 공복감도 있지만 맛도 중요하다. 고귀한 인간만이 음식을 맛볼 수 있으며 공룡처럼 미천한 부류는 배고픔 때문에 먹어치울 뿐 맛 따위는 느끼지 못했다고 생각하면 큰 오산이다.

맛은 기본적으로 단맛, 감칠맛, 신맛, 짠맛, 쓴맛이 있다. 참고로 감칠맛이란 이케다 기쿠나에 박사가 다시마에서 발견한 맛으로, 'UMAMI'라는 용어가 영어권에서도 통용되고 있다. 이들 맛에는 각각의 의미가 있다. 단맛은 에너지가 되는 당분의 맛이다. 감칠맛은 인체 생리대사의 주역인 아미노산의 맛, 짠맛은 필수 영양소인 미네랄의 맛, 쓴맛은 독의 맛, 신맛은 설익거나 부패한 정도의 신선도를 나타내는 맛이라고 할 수 있다. 인간은 자극적인 쓴맛이나 신맛을 좋아하지만, 본래 동물은 싫어하는 맛이다.

이처럼 각각의 맛은 생물이 살아가는 데 중요한 의미가 있다. 그래서 인간은 맛을 구별할 수 있도록 진화했다. 다시 말해서 미각은 공룡을 포함한 모든 동물이 살아가는 데 중요한 감각이라고 할 수 있다.

인간의 혀는 술의 맛이나 물의 맛을 감별할 수 있을 정도로 미각이 예민하고 섬세하다. 공룡의 미각은 인간만큼 발달하진 않았지만 확실히 미각을 지니고 있었으며 맛있다고 느끼는 것을 골라 먹었을 것이다. 당분이 많은 잎을 즐겨 먹고 쓴맛이 나는 싹을 피하고, 맛있는 부위의 내장을 선

UMAMI
글루타민산이나 이노신산, 호박산 등의 물질에 의해 느껴지는 맛. 원래 맛의 존재는 알려져 있었지만, 1908년 도쿄제국대학의 이케다 기쿠나에 박사가 다시마에서 그 성분을 추출하게 되었다. 맛 국물은 감칠맛을 내는 데 결코 빼놓을 수 없다.

호했을 것이다. 그러지 않았다면 음식을 효율적으로 섭취하지 못한 채 독성분이 있는 것도 먹었을 것이다. 소철 씨에는 사이카신이라는 독이 있는데, 공룡에 대한 방어 수단으로 진화한 것이라고 주장하는 이도 있다.

예민함은 둘째 치고, 미각은 생존을 위한 중요한 감각이다. 이것은 현존하는 파충류의 경우에도 마찬가지다. 옴개구리를 맛본 연구자에 따르면, 쓰고 떫고 이상한 맛이 난다고 한다. 아마도 줄무늬뱀에게 잡아먹히지 않기 위한 방어수단이었을 텐데, 이것은 뱀에게 미각이 있음을 암시하는 셈이다.

혹시 우마이봉[일본의 과자 이름]을 알고 있는가? 단돈 10엔으로 수십 가지의 다양한 맛을 자랑하며 마음까지 풍성하게 채워주는 과자계의 잔다르크다. 눈을 가리고 우마이봉의 다양한 맛을 테스트해보길 바란다. 의외로 맛 구별의 어려움을 느낌과 동시에 공룡의 미각 수준을 하찮게 여긴 자신을 반성하게 될 것이다.

줄무늬뱀
뱀목 파충류. 구렁이나 유혈목이와 함께 자주 볼 수 있는 뱀. 주로 4개의 줄무늬가 있으며, 식용으로 알려져 있다.

지성파 헌터

공룡이 무엇을 먹고 살았는지는 나름 상상할 수 있다. 맛이 있고 없음을 판별할 줄도 알았을 것이다. 하지만 어떻게 잡아먹었을까는 참으로 어려운 문제다. 학계에서는 티라노사우루스는 무리 지어 사냥했다거나 잠복을 했다거나 죽은 고기를 먹었다는 등 다양한 설이 제기되어 있다. 또한 용각류는 잎이나 나뭇가지를 씹어 먹은 게 아니라 통째로 먹었다는 설도 있다. 그러나 공룡이 어떻게 먹었는지를 알려주는 결정적인 증거는 아직 발견되지 않았다.

새 중에는 도구를 사용하는 종이 있다. 이집트 독수리는 돌을 이용해서 타조 알을 깨고, 뉴칼레도니아 까마귀나 딱따구리핀치는 나뭇가지를 이용해 땅속의 유충을 끄집어낸다. 검은댕기해오라기는 깃털을 가짜 미끼로 삼아 물고기를 유인하고, 가시올빼미는 포유류의 배설물로 곤충을 유인한다. 이러한 유인 작전은 고도로 진화한 조류만 가능할까?

인간은 두 발로 걷게 되면서 팔을 보행 기관으로부터 해방시켰고, 그 결과 도구를 사용할 수 있게 되었다. 그렇다면 이족 보행을 하던 공룡도 같은 잠재력을 지니고 있지 않았을까? 앞다리가 짧고 뒷다리가 길어서 두 발로 걸어 다녔다고 추정되는 이구아노돈류에게 기대를 걸어볼 만하다. 높이 달린 달콤한 과일을 따려고 긴 막대기를 든 어린애 같은 모습을 상상하니 절로 미소가 지어진다. 그러나 불행하게도 공룡 앞다리의 엄지발가락은 나머지 발가락들과 같은 방향으로, 막대기 같은 물건을 잘 움켜쥘 수 없는 구조이므로 나의 상상은 비현실적일 수도 있겠다.

미끼를 이용한 유인 작전은 가능했을까? 공룡의 사체도 먹어치우는 대형 수각류에게 있었을 법한 장면을 상상해보자. 그녀는 죽은 공룡을 먹으려고 몰려드는 작은 공룡들을 쫓아버리고 독차지한다. 그때 문득 아이디어가 떠오른다. 눈앞의 먹이는 한 마리뿐이지만 좀 전에 몰려든 작은 공룡을 잡는다면 두 마리의 식량을 얻을 수 있다. 그래서 죽은 공룡 옆에 잠복해 있다가 걸려든 작은 공룡 한 마리를 잡아먹는다. 이 계획에 맛을 들인 그녀는 죽은 공룡을 다른 곳으로 옮긴다. 멀리서도 사체가 보일 수 있는 탁 트인 장소로. 마침 자기 몸을 숨기기에 좋은 수풀도 있다. 꽤 고도의 작전 아닌가.

공룡은 시간이 갈수록 대형화되었다. 대형 포식자가 증가함에 따라 피식자의 도주나 대항 수단도 진화했다. 그러자 대형 육식 공룡의 먹이 사냥도 까다로워졌을 것이다. 배를 채우기 위해 때로는 사냥을 하고 때로는

도구를 이용하는 새

돌을 이용하여 타조 알을 깨는 이집트 독수리

나뭇가지를 이용하여 나무 안의 곤충을 잡아먹는
뉴칼레도니아 까마귀

사체를 먹는 등 다양한 방법을 동원했을 것이다. 그 방법의 일환으로 도구를 사용하게 되었을 수도 있다. 때까치가 개구리를 나뭇가지에 꿰어놓듯이 먹고 남은 공룡을 나뭇가지에 걸어두었을지 모를 일이다. 생각만 해도 흐뭇해진다. 공룡이 먹잇감을 어떻게 잡아먹었는지 결정적인 증거가 발견되지 않은 덕분에 무한한 상상력을 펼칠 수 있다.

수각류는
철새를 꿈꾸었을까?

계절 이동. 이는 현대 조류학에서도 수수께끼가 많은 연구 분야다. 새는 무엇 때문에 긴 거리를 이동하는 것일까? 과연 공룡은 철새처럼 대이동을 감행했을까?

이라고미사키
아이치현의 최남단 아츠미 반도 끝 이라고미사키에서는 기이반도를 향해 수많은 매가 바다를 횡단한다. 떼 지어 선회할 때 장관을 이룬다. 시마자키 도손이 읊은 「야자 열매」의 무대이기도 한 고이지가하마 위로 줄지어 날아간다. 참고로, '고이지가하마 恋路ヶ浜[사랑의 해변]'라는 낭만적 지명은 오랜 역사를 지닌 것으로, 에도 시대에 사용된 기록도 있다.

계절 이동을 하느냐 마느냐, 그것이 문제로다

새의 행동 중 많은 사람의 흥미를 끄는 것은 계절 이동이다. 일본에서도 가을이 되면 많은 새가 떼 지어 남쪽으로 날아간다. 왕새매를 비롯한 매의 이동 모습은 아이치현의 이라고미사키에서 볼 수 있는 장관으로, 조류학자들뿐만 아니라 많은 관광객을 매료시키고 있다. 그런 반면 오리 등의 겨울새가 월동을 위해 일본으로 날아온다. 도요새와 물떼새류는 일본을 통과하여 호주까지 날아가기도 한다.

새들이 하늘을 날 수 있다 해도 대륙 간의 장거리 비행은 목숨을 건 큰 모험이 아닐 수 없다. 수백 킬로미터, 때로는 1000킬로미터 이상을 날아간다. 날아가다가 죽는 개체도 있다. 폭풍에 휩쓸려 엉뚱한 장소에 떨어지는 일도 있고, 지친 날개를 쉬려고 잠시 내려앉은 곳에서 포식자에게 잡아먹힐 수도 있다. 태어난 곳에서 평생을 보낸다면 이런 고생을 치를 필요가 없다.

왕새매는 봄이 되면 일본으로 날아오는 대표적인 철새다. 그들은 야산에서 번식 활동을 하고 가을이 되면 남쪽으로 건너가 오키나와나 동남아시아에서 겨울을 난다. 벌매도 마찬가지다. 이 새는 일본에서 번식기를 보내고 인도네시아나 말레이시아 등의 동남아시아에서 겨울을 난다. 설 명절을 외국에서 보내다니 참으로 편하게 사는 것 같다. 한편 동부개구리매는 러시아나 중국에서 번식기를 보내고 일본에 넘어와 월동한다. 외국에 살던 매도 일본에서 겨울을 나는데 왕새매나 벌매가 일본에서 겨울을 나지 못하는 이유는 무엇일까?

바로 식성 때문이다. 왕새매나 벌매는 양서류나 파충류, 곤충 등을 잡아먹는데, 겨울이 되면 양서류나 파충류 같은 변온 동물은 겨울잠에 들기 때문에 지상에서 자취를 감춘다. 따라서 식량을 구하기가 어렵다. 반면 동부개구리매는 쥐 등을 잡아먹기 때문에 겨울철에도 식량을 구할 수 있다. 번식지에서의 식량 고갈이 장거리를 이동하는 이유인 셈이다. 계절적인 영향을 받는 식량으로는 곤충이나 꽃의 꿀샘에서 분비되는 당액, 씨앗 등 여러 가지가 있다. 식량의 계절성이 바로 대륙 간 이동의 견인차 역할을 한 것이다.

식량의 고갈은 새가 계절 이동을 하는 이유로 충분히 타당하다. 그러나 계절에 따른 식량 고갈 현상은 새뿐만 아니라 많은 동물에게도 해당되는 일이다. 다만 다른 동물은 새처럼 장거리 횡단을 할 수가 없다. 역시 새는 다른 동물과 차별화된 비행 능력을 지닌 덕분에 계절 이동이라는 생존 전략을 개발하게 된 것이다.

도요새나 물떼새류
도요새나 물떼새는 주로 일본을 거쳐 횡단한다. 떼를 지어 일본을 건너가는 모습은 봄과 가을에만 볼 수 있는 장관이다. 철새 탐조인들은 도요새와 물떼새를 합쳐 '도요물떼새'라고 부르기도 한다.

벌매
벌집을 공격하여 그 유충을 잡아먹으며 사는 매목에 속하는 새.

설 명절은 외국에서
필자는 소박함을 중시하는 (바라는 삶은 아니지만) 연구자이기 때문에 설날처럼 비행기 삯이 비싼 성수기에는 해외로 잘 나가지 않는다.

새가 이동하는 주된 이유는 식량의 고갈과 비행 능력이다. 이동하는 습성은 새가 된 후 생긴 것일까? 아니면 조상인 공룡 시대부터 생긴 것일까?

일부 공룡은 계절 이동을 했을 것으로 추정된다. 공룡이 살던 시대에도 계절의 영향으로 물이나 식량이 감소하거나 증가하는 건기와 우기가 있었을 것이다. 우기에는 식물이 왕성하지만 건기에는 시들어버리는 지역에 서식하는 초식 공룡이라면 이동을 했을 것이다.

실제로 미국에서 초식성 카마라사우루스의 치아에 포함된 산소동위원소를 통해 이동의 증거를 확인했다. 산소에는 질량수가 다른 두 종류의 동위원소가 있으며, 지역에 따라 산소동위원소의 비율이 다르게 측정된다. 산소동위원소는 물속에도 포함되어 있어 물을 먹으면 체내에 존재하게 된다. 따라서 공룡의 몸에 포함된 동위원소의 비율을 조사하면 물을 마셨던 지역을 알 수 있다.

카마라사우루스의 이빨은 5개월마다 교체되는 것으로 알려져 있다. 이 이빨에 함유된 산소동위원소 비율을 조사한 결과, 뿌리 부분은 낮고 끝부분은 높게 나타났다. 일반적으로 표고가 높으면 산소동위원소 비율은 낮아진다. 따라서 카마라사우루스는 성장하는 동안 저지대에서 고지대로 이동한 것으로 추정된다.

텍사스에서는 용각류의 발자국 화석이 다수 발견되어 그들이 무리 지어 생활했음을 추측할 수 있다. 즉 카마라사우루스도 무리 지어 이동했을 가능성이 있다. 그들은 최대 15미터까지 자라는 거대 용각류다. 하코네 등산 철도선과 비슷한 길이다. 건탱크[건담 시리즈에 등장하는 가상의 무기]가 떼로 모여 있는 상상을 해보니 대단한 장관이었을 것 같다.

지금까지의 내용을 종합해보면, 공룡 중에는 계절 이동을 한 개체가 있다. 그리고 공룡의 후손인 새도 이동하는 습성이 있다. 그렇다면 계절 이동의 습성은 공룡 시대부터 전해졌다고 볼 수 있지 않을까?

하지만 카마라사우루스는 용각류에 속하는 공룡이다. 용각류는 조류의 직접적인 조상으로 여겨지는 수각류와는 다른 계통이며, 아직까지 수각류 중에서는 계절 이동의 증거가 발견되지 않았다.

용각류 중에는 대형 초식 공룡도 여럿 포함되어 있다. 아르젠티노사우루스나 푸에르타사우루스는 추정컨대 40미터에 육박하는 길이에 어마어마한 몸집을 자랑한다. 여성이 양팔을 벌린 길이가 1.7미터 정도라고 치고 계산해보면 스물세 명이 늘어선 길이다. 이런 대형 공룡은 체중을 유지하기 위해 대량의 식물을 섭취해야 하는데 식물을 구할 수 없는 계절을 버티는 건 생존 위협에 가깝다. 반대로 작은 공룡은 상대적으로 적은 음식으로 살아갈 수 있지만 계절 이동을 하기는 힘들었을 것이다. 대형 공룡은 쉽게 넘을 수 있는 장애물도 작은 공룡에게는 너무 큰 허들이기 때문이다. 무엇보다 보폭의 차이가 아주 크다. 어쩌면 대형 초식성 카마라사우루스의 이동 증거가 발견된 것은 당연한 일인지도 모르겠다.

너무 큰 허들
다리 긴 친구가 유유히 걸어갈 때 옆에서 종종걸음으로 바삐 걸어야 했던 슬픈 추억은 나만의 경험은 아닐 것이다.

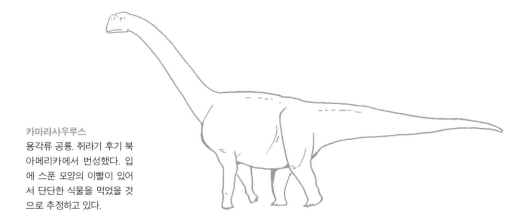

카마라사우루스
용각류 공룡. 쥐라기 후기 북아메리카에서 번성했다. 입에 스푼 모양의 이빨이 있어서 단단한 식물을 먹었을 것으로 추정하고 있다.

포유류도 계절 이동을 한다

육상 척추동물 중에서 조류만 계절 이동을 하는 건 아니다. 아프리카에 서식하는 초식 동물인 누, 얼룩말, 톰슨가젤도 건기가 되면 식물과 물을 찾아 대이동을 한다. 새에게도 계절 이동은 큰 희생이 따르는 모험이지만, 날개 없는 포유류에게는 더 큰 희생을 감수해야 하는 고행의 길이다. 안 해도 된다면 결코 하지 않을 것이다. 고행을 통해 깨달음을 얻고자 하는 것은 경건한 종교인의 이야기이지, 얼룩말 누나는 해탈과 열반의 경지를 추구하지 않는다. 식량 고갈이라는 더 큰 고통을 피하기 위한 차선책일 뿐이다.

사슴도 계절 이동을 하는 것으로 알려져 있다. 그중에서 순록의 이동이 유명하다. 툰드라에 사는 순록은 봄과 가을에 수백 킬로미터, 때로는 1000킬로미터가 넘는 거리를 이동한다. 순록은 크리스마스에만 대이동을 하는 줄 알았는데 그게 아닌가 보다.

박쥐도 이동을 한다. 예를 들어 유럽에서 번식하는 북방애기박쥐는 1000킬로미터가 넘는 장거리도 이동하는데, 일본의 북방애기박쥐는 100킬로미터가 넘는 거리를 계절 이동하는 것으로 알려져 있다. 또한 레밍[나그네쥐]의 대이동도 유명하다. 그러나 레밍의 대이동은 계절 이동이 아니라 개체 수가 증가하여 새로운 서식지로 집단 이주하는 것으로, 새의 이동과는 의미가 다르다.

카마라사우루스, 누, 얼룩말, 톰슨가젤, 순록 등의 공통점은 대형 초식 동물이라는 것이다. 그 외에도 자전거를 타지 못한다거나 켄다마[일본의 전통 장난감]를 가지고 놀지 못한다거나, 공통점은 찾으려면 얼마든지 찾을 수 있지만 더 이상 찾지 않기로 하자. 박쥐의 경우, 포유류이긴 하지만 하늘을 날 수 있다는 특징을 지닌 생물이다.

순록
소목 사슴과의 포유류. 북극 툰드라 지역에 분포. 사슴류 중에서 유일하게 암수 모두 뿔이 있다. 가축화된 순록은 썰매를 끌게 하거나 식용으로 이용되고 있다. 영어 명칭은 레인디어Reindeer. 북아메리카에서 서식하는 순록은 카리부Karibu라고 불리며, 아이누어로는 토나카이tonakai다.

육상 포유류 중에서는 대형 초식 동물과 박쥐가 계절 이동을 하는 것으로 알려져 있다. 얼룩말은 말목에 속하고, 누·톰슨가젤·사슴은 소목에 속한다. 박쥐는 박쥐목이다. 굳이 말하자면 박쥐목은 소목보다 말목에 가깝지만 기본적으로 이 세 분류군은 근연 관계가 아니다. 그렇다면 계절 이동의 습성은 특정 계통에 한정된 것이 아니라고 할 수 있다. 즉 계절 이동은 날 수 있는 동물과 대형 초식 동물이라는 두 부류를 포괄하는 것이다. 다만 소형 동물이나 육식 동물은 식량이 부족한 시기를 겨울잠으로 이겨내고 있을 뿐이다.

현명한 독자라면 벌써 눈치를 챘을 것이다. 새와 용각류의 관계도 이와 비슷하다는 걸. 새와 용각류는 직접적인 유연 관계가 아니다. 공룡의 혈통 중에서 장거리 계절 이동을 하는 것으로 확인된 것은 역시 날 수 있는 개체와 대형 초식 공룡이다. 따라서 새가 이동하는 습성은 조상으로부터 물려받은 것이 아니라 필요성과 이동 능력 덕분에 독립적으로 진화되었다고 봐야 한다.

육식성 수각류가 전혀 계절 이동을 하지 않았다고 단정할 수도 없다. 육식성 포유류 중에도 장거리 계절 이동을 하는 개체가 있기 때문이다. 바로 북극곰이다.

북극곰은 여름에는 북쪽에서 생활하고 겨울이 되면 남하하는 유빙과 함께 남쪽으로 이동한다. 그 거리는 수백 킬로미터에 이른다. 대부분의 곰은 잡식성이지만 북극곰은 육식성이 강해서 바다표범이나 물고기를 주로 먹는다. 북극곰의 먹이인 바다표범도 유빙과 함께 계절적 이동을 한다. 북극처럼 식량이 한정되어 있고 계절에 따라 그 분포가 크게 변화하는 환경에서는 대형 육식 동물도 계절 이동을 할 수밖에 없었던 것으로 보인다.

온난한 기후에 연중 내내 식량을 얻을 수 있는 안정적인 환경이라면 육

겨울잠
일본에 서식하는 포유류 중에는 불곰, 반달가슴곰, 다람쥐, 겨울잠쥐 등이 겨울잠을 잔다. 다람쥐나 겨울잠쥐는 겨울잠을 자는 동안 체온이 5도 안팎으로 내려가지만, 곰은 체온의 변화 없이 신진대사를 줄인 채 겨울잠을 잔다. 하지만 그 기간에 출산하기도 한다.

식 공룡은 수백 킬로미터에 달하는 장거리를 이동할 리 없다. 공룡 시대 중에서 쥐라기 후기부터 백악기 전기는 지금보다 꽤 따뜻하다가 급격히 한랭 기후로 바뀐 시기다. 따라서 후반기에 계절 이동을 한 육식 공룡을 찾아보고 싶다면 이 시기를 조사해보길 바란다.

이동하는 용각류 무리

고대 지구의 워킹법

공룡이 지구 위를 활보하던 중생대. 과연 공룡은 어떻게 걸었을까? 새의 걸음걸이에는 워킹walking형과 호핑hopping형이 있다. 그렇다면 새 걸음걸이는 공룡에 기원한 것이 아닐까? 공룡의 걸음걸이를 자세히 알아보자.

새는 목을 앞뒤로 움직이며 걷는다

공룡이 걸어 다니는 모습은 대충 상상할 수 있다. 그러나 그 모습은 어디까지나 상상에 불과하다. 필자는 새를 연구하는 학자니까 새에 기초하여 공룡의 걸음걸이를 재현해보도록 하겠다.

새는 걸을 때 목을 앞뒤로 움직이는 특징이 있다. 우리는 거절하는 의사를 표현할 때 고개를 좌우로 젓지만 새는 앞뒤로 움직인다. 그리고 새가 목을 앞뒤로 움직이는 것은 사실 머리를 고정하기 위한 것이다. 일반적으로 포식자는 대상을 입체적으로 파악할 수 있도록 두 눈의 시야가 많이 겹쳐져 있다. 눈이 앞쪽에 붙어 있다는 말이다. 반대로 피식자는 넓은 시야를 확보하기 위해 눈이 옆에 붙어 있다. 그래서 주로 피식자에 속하는 새는 눈이 옆에 붙어 있는 종이 많다.

눈이 옆에 붙어 있으면 앞으로 걸어갈 때 풍경이 뒤로 지나간다. 달리는 기차의 창문 너머로 보이는 풍경을 떠올리면 된다. 우리는 눈동자를 굴릴 수 있기 때문에 창밖의 지나가는 풍경을 일시적으로 시야에 담을 수 있다. 덕분에 스쳐 지나가는 미인의 모습을 뇌에 저장하여 하루 종일 행복하게 보낼 수 있다.

새는 눈동자를 움직일 수 없다. 즉 눈동자를 굴려 창밖에 지나가는 미인의 모습을 담을 수 없기 때문에 목을 앞뒤로 움직이는 것이다. 눈동자 대신 목 전체를 풍경에 고정하는 것이다. 언뜻 보면 머리가 단순히 앞뒤로 움직이는 것 같지만, 사실은 풍경을 포착하는 것이다.

긴 목을 이용하여 머리를 재빠르게 앞으로 내민 다음, 머리를 고정한 채 몸만 앞으로 당겨온다. 그러면 머리를 이동시키는 순간만 풍경을 놓칠 뿐 대부분 안정적으로 풍경을 시야에 담을 수 있다. 붉은왜가리는 머리를 한 번 내밀 때 두 걸음 앞으로 나아간다. 목이 길기 때문에 가능한 일이다. 물론 모든 새가 머리를 움직이는 것은 아니지만 백로, 비둘기, 도요새, 찌르레기 등의 다양한 새가 머리를 앞뒤로 움직이면서 걷는다. 즉 머리를 움직이면서 걷는 것이 새의 일반적인 걸음걸이라고 할 수 있다.

새는 걸을 때만 머리를 움직이는 것도 아니다. 예를 들어 하늘을 나는

비둘기는 목을 앞뒤로 움직이면서 걷는다.

제비를 관찰하면 머리를 지면과 평행하게 유지한 채 몸만 비틀어 방향을 전환하는 장면을 볼 수 있다. 또한 흔들리는 나뭇가지 위에서도 목을 길게 뺐다 넣었다 하면서 머리의 위치를 그대로 유지하는 모습을 볼 수 있다. 팬터마임에서 머리는 고정한 채 몸만 앞으로 나아가는 동작을 연상하면 된다. 눈에 보이는 풍경을 안정화시키면 포식자나 먹이의 발견이 좀더 수월해지기 때문이다. 그들이 목을 앞뒤로 움직이는 이유는 생존과 직결된 것이다.

공룡은 목을 움직였을까?

당연히 다음 화제는 공룡도 목을 움직이면서 걸었을까 하는 것이다. 새가 목을 앞뒤로 움직이는 동작이 기능적인 것이라면 공룡도 목을 앞뒤로 움직였을 가능성이 있다. 그러나 아직은 이에 대해 형태적으로 판별할 방법이 없다. 발자국 화석으로도 그 여부를 알 수 없다. 공룡의 목이 앞뒤로 움직였기를 바라는 한 사람으로서 그들이 과연 어떻게 걸었는지를 살펴보도록 하겠다.

우선 공룡이 눈동자를 굴리지 못했다는 걸 전제 조건으로 하겠다. 텔레비전의 재현 영상을 보면 육식 공룡이 눈동자를 휙 굴려 이쪽을 노려보는 장면이 있다. 공룡이 진짜 눈동자를 굴릴 수 있다면 목을 움직일 필요가 없겠지만, 어떤 근거로 눈동자를 굴릴 수 있다고 여긴 걸까? 일단 여기서는 그렇지 않다는 조건으로 이야기를 해보겠다.

공룡이 목을 움직이려면 목이 어느 정도 길어야 한다. 목이 긴 용각류라면 목을 앞뒤로 움직이면서 역동적으로 걷는 모습을 기대할 수 있을 것 같다. 목을 한 번 움직일 때 다섯 걸음씩 앞으로 나갈지도 모른다. 다음으

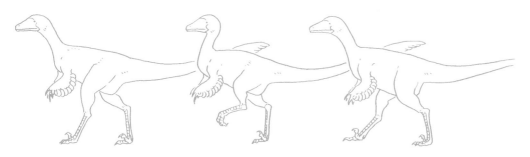

목을 앞뒤로 움직이면서 걷는 수각류

로 중요한 것은 자세다. 목을 앞뒤로 움직이려면 머리 방향이 위를 향해야 하고, 목은 S자형으로 유연하게 휘어야 한다. 옛날의 복원도에는 공룡의 머리가 위로 들려 있었다. 그러나 최근의 추세는 목과 꼬리를 앞뒤로 뻗어서 몸의 균형을 잡는 자세로 그려지고 있다. 이런 경향 때문인지 용각류도 최근에는 목이 앞으로 쭉 뻗어 있다. 게다가 뼈의 형태를 분석한 결과 목은 거의 움직일 수 없었을 것으로 추정된다. 무엇보다 그들이 주로 먹었던 식물은 시야를 고정하지 않으면 놓치기 쉬운 자그마한 것이 아니기 때문에 애초에 목을 움직일 필요가 없었는지도 모르겠다. 그렇다면 용각류는 목을 움직였다고 보기에는 무리가 있을 것 같다. 일단 1패. 면목 없다.

용각류에 비해 수각류는 S자형으로 구부러진 목을 지닌 종이 많은 편이다. 그들이라면 유연하게 목을 움직일 수 있지 않았을까? 새가 목을 움직이는 이유는 먹이나 포식자 등 생명과 관련된 소재를 풍경 속에서 놓치지 않기 위해서다. 목을 움직이지 않아도 먹잇감을 놓칠 일이 없다면 목을 움직일 필요가 없다. 대형 육식성 동물에게 포식자란 자기 자신이다. 또한 그들의 먹잇감은 풀숲 그늘에 숨어버리면 놓치기 쉬운 작은 동물이 아니다. 따라서 목을 움직인 공룡은 소형 종으로 좁혀진다. 그들의 먹이는 곤충처럼 풀숲 그늘에 숨어버리면 찾기 힘든 작은 동물이므로 시야를 고정하지 않으면 놓치고 만다. 또한 멀리 떨어져 있는 포식자를 발견하는 것도 중요하다. 멀리 있을 때 발견하면 도주 거리를 확보할 수 있기 때문이다. 즉 곤충 같은 작은 동물을 주식으로 하는 소형 수각류라면 목을 움직이면서 대지를 누볐을 가능성이 있다.

사실 수각류는 조류의 직접적인 조상인 분류군이라 당연한 말 같기도 하다. 그러잖아도 새와 가까운 그룹으로 인식되고 있었으니, 새삼스레 목 이야기를 꺼내본들 반응은 시큰둥할 것 같다. 왠지 통쾌한 승리는 아니지만, 어쨌든 1승 1패.

원점에서 시작하는 호핑 활용법

목을 움직이는 것 외에 조류의 특징으로는 호핑hopping이란 것이 있다. 양발을 모아 깡충 뛰어 이동하는 방법이다. 이와 반대로 좌우 다리를 번갈아 땅을 디디며 걷는 방법을 워킹walking이라 한다. 공룡이 호핑하면 어떤 모습일까? 깡충깡충 뛰어다녔을 공룡의 모습을 상상하니 절로 웃음이 난다.

새의 호핑은 주로 나무 위 생활을 하면서 습득한 것으로 추정된다. 실제로 새들은 나뭇가지에 두 발을 모으고 앉아 있다가 다른 나뭇가지로 이동할 때 호핑을 한다. 반면 공룡은 주로 지상에서 생활하기 때문에 호핑을 진화시켰다고 보기엔 다소 무리가 있다. 용각류에 이어 두 번째 패배를 맞게 되는 걸까?

그러나 할미새와 관련된 흥미로운 연구가 있다. 그들은 일반적으로 워킹으로 걸어 다니는 새지만, 언덕길을 오르게 하는 실험을 했더니 경사가

참새의 호핑

가파른 지점에서 호핑을 시작했다. 호핑은 양발을 모아 깡충 뛰기 때문에 순간적으로 워킹보다 강한 힘을 발휘할 수 있다. 경사가 심해지거나 더 강한 힘이 필요한 상황이라면 호핑이 유리할 수도 있다. 개구리도 점프할 때는 두 다리를 모아 지면을 힘차게 밀어낸다. 그런가 하면 상황에 따라 두 가지 보행법을 구분하여 이용하는 새도 있다. 주변에서 흔히 볼 수 있는 까마귀는 워킹과 호핑을 함께 사용한다.

공룡이 호핑한 발자국 화석은 내가 알기로는 아직 발견된 적이 없다. 발자국은 진흙땅에 잘 찍히기 때문에 공룡의 발자국 화석은 과거에 진흙이었던 평지에서 발견된다. 그런데 진흙투성이의 습지에서는 다리에 힘을 주면 발이 파묻히기 때문에 호핑보다는 워킹을 이용한다. 반면 호핑에 적합한 경사진 지역은 진흙이 쌓여 있지 않았을 테니 발자국 화석으로 남겨지기도 어렵다. 달리 말해서 호핑 흔적을 지닌 발자국 화석이 발견되지 않았다고 해서 그들이 호핑을 하지 않았다고 말할 순 없다.

경사 지역 말고 호핑이 유리한 경우는 발밑에 장애물이 많은 경우다. 하지만 다리가 길면 장애물 따윈 별 문제가 안 된다. 또한 몸집이 큰 공룡이라면 호핑을 하기에는 너무 무겁다는 단점이 있다. 결국 장애물이 많은

공룡의 호핑
호핑은 아니지만 「고질라 대 메가론」(1973)에서 고질라가 두 발로 껑충 뛰어 드롭킥을 날리는 장면이 나온다.

지상이나 경사진 지역에 살며, 체구가 작고 다리가 발달하여 점프를 잘하는 공룡으로 압축된다. 그렇다면 역시 떠오르는 대상은 소형 수각류다.

이러한 조건만 갖추어졌다면 과연 그들은 호핑으로 이동했을까? 발자국 화석을 보면 공룡은 일반적으로 워킹 보행한 사실을 알 수 있다. 그리고 약간의 비탈은 워킹으로도 오를 수 있다. 그렇다면 경사가 급격한 경우에는 어떻게 했을까? 돌아서 갔을 것이다. 인간도 경사가 가파른 곳은 일직선으로 올라가지 않고 대각선으로 우회하지 않는가. 최단 거리로 정상에 올라가야 할 특별한 이유가 없는 한 가파른 경사를 힘들게 직선으로 올라가는 방법을 택할 리가 없다.

그럼 장애물이 있는 장소는 어떨까? 장애물을 매일 넘어야 했다면 호핑을 했을지도 모른다. 그러나 피할 수만 있다면 피하는 것이 좋다. 우회할 수 있다면 누구든 우회하는 길을 택할 것이다. 주로 워킹으로 이동하던 개체가 갑자기 호핑을 시작한다면 금방 지쳐버려서 효율적으로 이동할 수 없을 것이다. 그렇다면 언제나 그랬던 것처럼 워킹으로 우회하거나 과감히 호핑에 도전하거나, 둘 중 하나다. 그런데 올림픽 출전을 목표로 맹훈련 중인 선수가 아니라면 매일같이 먹이를 찾아 헤매야 하는 각박한 생활 중에 익숙하지도 않은 호핑을 시도할 여유 따윈 없었을 것이다.

새가 호핑을 하는 것은 역시 나무 위에서 생활한 경험 때문일 것이다. 나무 위에서 생활하다 보면 가지에서 가지로 이동할 때 어쩔 수 없이 호핑을 하게 되고, 그 이동 방법을 능숙하게 하는 종이 진화하게 된다. 호핑 이동법이 진화하여 숙달된 그 시기에 지상 생활을 하게 되었다면 호핑이 이용되었을 수도 있다. 하지만 공룡은 워킹으로 충분히 지상 생활을 하고 있었기 때문에 서툰 호핑에 도전하여 그 방법을 진화시켰을 리가 없다. 역시 두 번째 패배를 당한 것인가?

패자 부활전

이대로 끝낼 수는 없다. 다시 한 번 생각해보자. 일단 커피를 마시고 세수를 한 후 FRISK 민트[입안을 상쾌하게 하는 사탕류] 하나를 입에 물고 정신을 가다듬고 돌아왔다. 그럼 주로 워킹법을 이용하여 지상 생활을 해온 인간이라면 어느 경우에 호핑을 이용할지 생각해보자. 괴한에게 납치되어 양발이 묶인 채 꼼짝 못하는 상황에서 괴한이 자리를 비운 틈에 여자와 함께 도주할 때, 뜀틀을 넘을 때, 바위에서 뛰어내릴 때 호핑을 시도할 것이다.

호핑을 이용하여 바위를 오르는 수각류

그렇다면 바위에서 뛰어내리는 경우밖에 없겠다. 남부바위뛰기펭귄은 바위에서 바위로 이동할 때 두 발로 점프한다. 바위와 바위 중간에 떨어지면 죽음으로 직결되기 때문에 한 번의 실수도 용납되지 않는다. 점프하여 안정적으로 착지하려면 한 발보다 두 발로 디디는 것이 유리하다. 바위가 많은 곳에 서식한 공룡이 발견된다면 그 공룡의 재현 영상에는 호핑하는 모습을 그려줬으면 좋겠다. 하지만 먹을 것도 없고 바위가 많은 척박한 지역에서 주로 서식한 공룡이 과연 있었을까.

1승 1패를 기록한 가운데 최종 결승전에 이어 연장전까지 돌입했다. 심판에게 클레임도 걸어봤지만 결국 연장전에서도 승리하지 못하고 패함. 1승 2패. 분하다.

양발이 묶여 꼼짝 못하다
공룡의 발을 묶으려면 긴 밧줄이 필요한데, 세계에서 가장 오래된 줄이라고 해봤자 고작 1~2만 년 전 생겨난 물건이다. 그래서 공룡에게는 있을 수 없는 상황이다.

공룡은 왜 나무 위에
둥지를 튼 것일까?

새의 둥지는 다양하다. 그러나 공룡이 어떻게 둥지를 틀었는지에 대한 정보는 많지 않다. 둥지가 화석이 되려면 여러 제한된 조건이어야 하고, 설령 둥지가 발견되었다 해도 정작 둥지의 주인을 확인하기 힘들기 때문이다. 공룡은 과연 어디에 둥지를 틀었을까?

번식은 종의 존속을 위한 중대사

새는 몇 가지 연중행사를 치른다. 둥지를 틀고 새끼를 키우는 번식, 낡은 깃털을 교환하는 털갈이, 번식지에서 월동지로 이동하는 계절 이동이다. 이런 큰 행사를 치르는 데는 에너지가 많이 들기 때문에 다양한 전략을 세워야 한다. 최대한 비용을 낮추고 더 많은 이득을 얻는 것을 목표로, 긴 진화의 역사 속에서 고도의 전략이 도입되었다. 물론 그 전략은 한 가지가 아니며 서식지, 먹이, 포식자 등의 조건에 맞추어 최적의 방법을 택한 개체가 살아남았다.

세 가지 행사 중에 가장 중요시되는 것이 번식이다. 털갈이를 못 해서 낡고 너덜너덜한 깃털일지라도 그때그때 수리해가면서 살아갈 순 있다. 나도 번듯하게 차려입어야 하는 일만 없으면 목이 늘어나거나 구멍 난 티셔츠도 아무렇지 않게 입는다. 또한 계절 이동을 하는 새도 있지만 하지 않는 새도 있다. 물론 계절 이동을 하는 종에게는 더없이 중요한 행사겠지만 안 한다 해도 견딜 수는 있다.(물론 그렇다고 생각할 뿐이다.) 그러나 번식은 다르다. 야생 동물에게 종족 번식은 가장 중요한 과제며, 삶의 목적이라고 해도 지나친 말이 아니다. 종족 번식에 성공한 개체만이 지금까지 생존해온 것이며, 효율적인 종족 번식은 종의 존속을 좌우하는 열쇠다. 그에 앞서 둥지를 트는 장소에 대해 알아보기로 하자.

생존하는 모든 조류는 둥지에 알을 낳고 부화시켜 새끼를 키우는 양식을 취한다. 현존하는 생물 중에 공룡과 가장 근연 관계인 악어도 둥지를 틀고 알을 낳아 새끼를 키운다. 그 때문에 둥지에 알을 낳고 새끼를 키우는 양식은 악어와 조류의 공통 조상에서부터 진화하여 자손에게 이어진 것으로 볼 수 있다.

공룡의 둥지에 앞서 새의 둥지를 살펴보자. 새의 둥지라고 하면 나뭇가지 위에 놓인 컵 모양이나 접시 모양을 떠올리게 된다. 새들은 실로 교묘하게 나뭇가지 위에 둥지를 짓는다. 가까운 예로 동박새는 나뭇가지가 갈라지는 부분에 매달린 형태로 둥지를 짓는다. 식물의 섬유질이나 잎, 때로는 거미줄까지 이용하여 정확히 반구형의 둥지를 며칠 만에 완성한다. 나도 손재주가 조금 있는 편이지만, 발과 입을 사용해서 같은 재료로 똑같이 만들라고 하면 불가능할 것 같다. 손가락 열 개를 다 사용한다고 해도 어렵다. 새가 둥지를 짓는 기술은 그저 놀라울 따름이다.

새는 나뭇가지에만 둥지를 트는 것도 아니다. 땅 위, 나무 구멍, 절벽, 바위틈, 땅속 구멍, 때로는 물 위까지 다양한 장소를 활용한다. 둥지 장소를 선택할 때의 주안점은 포식자로부터 둥지를 지켜내는 것이다.

달걀은 영양가 높은 식재료를 대표한다. 나도 어렸을 적 부모님께 하루에 한 개씩 달걀을 먹으라는 이야기를 수없이 들어왔다. 그도 그럴 것이

달걀
식탁에 매일 오르는 달걀이
한 개의 거대한 세포라고 생
각하니 실로 놀랍다.

한 개의 달걀 안에는 한 마리의 훌륭한 새로 성장할 수 있을 만한 영양분이 들어 있기 때문에 동물 성장에 필요한 영양소가 모두 포함되었다고 할 수 있다. 이렇게 중요한 영양분을 포식자가 가만 내버려둘 리가 없다. 육식 동물은 알을 먹을 기회를 호시탐탐 노리고 있다. 둥지는 포식자의 눈을 피할 수 있는 곳이 최적의 장소다.

공룡은 어디에 둥지를 틀었을까?

서론이 너무 길었다. 드디어 공룡 이야기로 들어가보자. 실제로 공룡은 대체 어디에 둥지를 틀었을까? 지금까지 다양한 공룡의 둥지 화석이 발견되었으며, 대부분은 지상에 만들어진 것이었다. 따라서 공룡은 기본적으로 지상에 둥지를 틀었던 것으로 보인다.

전 세계에서 공룡의 둥지 화석이 발견되고 있지만 그것이 도대체 어떤 공룡의 것인지 알아내기는 어렵다. 그도 그럴 것이, 둥지와 알만 발견되면 그 알이 어떤 부모로부터 태어난 것인지 알 길이 없기 때문이다. 우연히 부모가 둥지에서 함께 죽었거나, 알 속에 어느 정도 성장한 유체의 화석이 발견되거나, 부모 화석의 체내에서 알이 발견되지 않는 한 둥지가 누구의 것인지 밝혀내기란 여간 어려운 일이 아니다. 또한 그런 상태의 화석이 발견되는 경우도 거의 없다.

그중에 마이아사우라의 둥지가 발견된 예가 유명하다. 이 공룡의 둥지는 땅 위에 지어진 우묵한 그릇 형태로, 그 안에 수십 개나 되는 알도 들어 있었다. 또한 같은 장소에서 여러 개의 둥지가 발견된 것으로 보아 집단으로 둥지를 짓는 종으로 추정되었다. 마이아사우라라는 이름은 '좋은 어미공룡'이라는 뜻으로, 새끼를 양육했을 가능성도 있다.

그와는 다른 유명한 사례가 있다. 오비랍토로사우루스류의 공룡이 프로토케라톱스의 것으로 추정되는 둥지의 알을 몸으로 덮고 있는 듯한 모습이 발견되어 알을 훔치려는 자세 그대로 화석화된 것으로 추정되었다. 오비ovi는 '알', 랍토르raptor는 '약탈자'라는 뜻의 라틴어다. 그러나 이후에 둥지 자체가 오비랍토로사우루스류(후에 '키티파티'라고 명명됨)의 것이라는 사실이 밝혀지면서 오비랍토로사우루스류에게 누명을 씌운 꼴이 되었다. 하지만 한 번 지어진 학명은 쉽게 바뀌지 않는다. 마이아사우라나 오비랍토로사우루스류 모두 자신의 새끼를 사랑하고 돌봤을 뿐인데 후자는 정반대의 이름이 붙여지게 된 것이다. 죽은 자는 말이 없다지만 억울하게 누명을 쓰는 일이 없는 바른 세상이 되기를 진심으로 빌어마지 않는다.

그 이야기는 접어두고, 공룡은 새의 조상인 만큼 꼭 나무 위에 둥지를 틀었으면 좋겠다. 그러나 안타깝게도 내가 아는 한 나무 위에 지은 둥지가 발견된 적은 한 번도 없다. 그렇다고 해서 전면 부정할 수는 없다. 일반적으로 나무 위 둥지는 화석이 되기가 매우 어렵기 때문이다. 번식 중에는 둥지가 유지되겠지만 새끼가 성장한 후에는 비바람에 쓸려 해체되

알을 보호하는 키티파티
알을 따뜻하게 품어줄 뿐만 아니라 적으로부터 둥지를 지키고 날개와 몸을 이용해 그늘을 만들어 온도 상승을 막아주는 등 부모의 역할은 크다.

는 경우가 많다. 또는 가지가 말라서 떨어지거나 나무 전체가 쓰러져버리면 둥지도 함께 부서진다. 공룡의 둥지가 지상에서 발견되고 있으니 지상에서 둥지를 튼 종이 많았다는 건 틀림없는 사실이다. 물론 기술적으로 지상에 둥지를 짓는 방법이 가장 간단하기 때문에 공룡은 지상의 둥지를 발달시켰을 것이다. 그러나 공룡이 걸어온 긴 진화의 역사 속에서 둥지 장소도 다양하게 진화했을 수 있다.

공룡이 나무 위에 둥지를 틀려면?

앞서 말했듯이 새는 포식자의 눈을 피할 수 있는 곳에 둥지를 튼다. 지면은 평평하고 안정적이기 때문에 구조적으로 둥지를 쉽게 지을 수 있지만 포식자의 표적이 될 확률도 높다. 지금도 지상에는 여우나 족제비 등 많은 포식자가 있다. 꿩이나 오리, 물떼새 등은 지상에 둥지를 틀긴 하지만 포식자의 눈을 피해 풀숲 그늘진 곳에 짓거나 알을 모래더미처럼 위장하기에 바쁘다. 이처럼 지상에 짓는 둥지도 단점도 많다.

딱따구리나 올빼미, 박새, 찌르레기 등은 나무 구멍 속에 둥지를 튼다. 포식자의 눈을 가리기에는 더없이 좋은 장소다. 그러나 자연적으로 생긴 나무의 구멍은 그리 많지 않기 때문에 경쟁이 치열할 수밖에 없고 좋은 구멍을 선점하기도 어렵다. 딱따구리는 스스로 구멍을 파긴 하지만 많은 노력과 공을 들여야 한다. 그런 점에서 둥지는 나뭇가지 위에 짓는 게 탁월해 보인다. 나무는 숲속에서 무한하게 얻을 수 있는 자원이다. 그리고 나무에 올라갈 수 있는 육식 동물은 한정되어 있다. 새들은 바로 이런 이점 때문에 나무 위에 둥지를 틀었다. 대충 떠올릴 수 있는 새만 해도 참새목에 속하는 새를 비롯하여 매, 비둘기, 벌새, 백로, 가마우지, 갈색얼가니새 등 다양한 종류의 새가 나무 위의 둥지를 택하고 있다.

나무 위에 둥지를 지을 때 몇 가지 장애가 있다. 공룡이 나무 위에 둥지를 만들려면 이 장애를 극복해야 한다. 우선 귀찮아도 나무 위로 올라가지 않으면 안 될 이유가 있어야 한다. 즉 '피식자'여야 한다. 자신이 사나운 포식자거나 잡아먹힐 위험이 없는 대형 공룡이라면 충분히 둥지를 지킬 수 있으므로 나무 위로 올라갈 필요가 없다. 그다음 나무 위로 오를 수 있는 능력을 지녀야 한다. 오르지 못하면 둥지고 뭐고 없다. 이제 나무 위 둥지 생활은 포식자의 표적이 되기 쉬우며 작고 가벼운 공룡으로 압축된다.

다음으로, 나무 위에 오른 공룡은 자신과 새끼를 안전하게 지켜줄 수 있는 튼튼한 보금자리를 만들어야 한다. 그러기 위해서는 많은 둥지 재료를 나무 위까지 운반할 수 있는 끈기와 단기간에 둥지를 만들어내는 재주가 필요하다. 지상이라면 재료를 대충 쌓아 올리기만 해도 둥지를 만들 수 있지만 불안정한 나무 위에서는 재료를 꼼꼼히 쌓아 올려야 한다.

새는 어떻게 그렇게 정교한 둥지를 만들어낼 수 있을까? 그 비결 중 하나는 부리다. 일반적으로 새의 부리는 가늘고 긴 핀셋 모양이다. 이 특수한 기관을 이용하여 가느다란 나뭇가지나 잎의 섬유질을 집어 올려 둥지를 만든다. 현대 조류 중에서 재봉새는 가장 정교한 기술을 자랑한다. 동남아시아에 서식하는 이 새는 거미줄로 나뭇잎을 엮어 둥지를 만든다. 치아가 없는 것도 새의 유리한 점일지도 모른다. 치아가 있으면 가느다란 둥지 재료가 치아에 걸려서 둥지를 짓기에 성가셨을 것이다. 따라서 정교한 둥지를 엮기 위해서는 주둥이가 가늘고 날카로운 이빨이 없는 공룡이 적당할 것이다. 그러나 몸무게가 10그램 정도밖에 안 되는 조류와는 달리 공룡은 꽤 무겁기 때문에 둥지 재료를 그다지 섬세하게 다루진 못했을

딱따구리의 둥지
딱따구리가 파놓은 구멍에는 다른 새나 다람쥐가 살기도 한다. 딱따구리는 단단하고 날카로운 부리를 이용하여 나무에 못을 박듯이 구멍을 파지만 뇌진탕을 일으키지는 않는다. 사진은 일본청딱따구리.

것이다. 튼튼한 나뭇가지로 둥지를 만든다면 장애가 되지 않을 정도의 치아는 있어도 무방하다. 앞발이 발달해 있고 발가락이 정교한 공룡도 후보가 될 수 있지만, 나무를 오르려면 앞발이 동원되었을 테니 둥지 재료를 나르고 둥지를 만드는 역할은 역시 입이었을 것이다.

그렇다면 피식자면서 작고 가볍고 나무에 오를 수 있고 입이 길쭉한…… 등의 조건을 갖춘 공룡은 어떤 종일까? 새의 직접적인 조상으로 간주되는 마니랍토라류 정도가 아닐까 싶다. 흥미로운 결론은 아니지만, 결국 공룡은 주로 지상에서 둥지 생활을 했으며 웬만큼 새다운 모습을 지닌 뒤부터 나무 위에서 둥지 생활을 했을 것으로 유추할 수 있다. 하지만 꿈을 버리지 않기를 바란다. 주로 지상에서 둥지 생활을 해온 것으로 알려진 공룡이 땅속 구멍에서 생활한 사례가 2007년 논문에서 발표되었

땅속 굴에 사는 공룡
양육뿐만 아니라 평소의 거처로 사용했을지도 모른다.

다. 미국 몬태나주에서 발견된 이 둥지는 약 9500만 년 전 힙실로포돈류의 둥지로, 한 마리의 성체와 두 마리의 유체가 확인되었다. 또한 2009년 논문에서는 호주에서 공룡의 둥지로 보이는 굴이 보고되었으며, 소형 조각류의 것이라는 주장이 제기되었다. 땅속 굴에서 생활하면 하늘을 나는 포식자나 굴에 침입할 수 없는 대형 포식자를 효과적으로 방어할 수 있었을 것이다.

지금까지 공룡의 둥지가 발견된 사례는 많지 않다. 그러나 땅속에서 둥지 생활을 할 수 있었다면 나무 구멍에서도 할 수 있지 않았을까? 숨기 쉬운 나무 구멍은 포식자에 대한 방어책으로 효과적이니 둥지 장소로 이용하지 않을 이유가 없다. 죽느냐 사느냐의 기로에 놓인 전국 시대를 살았던 공룡은 틀림없이 종족 유지를 위한 방법을 찾기 위해 다양한 환경을 둥지로 이용했을 것이다. 피식자인 작은 공룡은 가벼운 체중을 이용하여 다양한 장소를 활용했을 테니 특히 기대가 된다. 앞으로 연구를 계속한다면 공룡이 나무 위에 둥지를 틀고 생활한 흔적도 발견될 수 있을 것이다. 그 존재가 과연 랍토라류일지, 아니면 다른 종일지 무척 궁금하다.

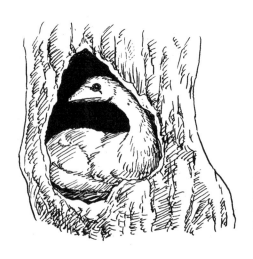

나무 구멍에 둥지를 튼 공룡
나무 구멍은 산란, 양육 외에도 보금자리로 이용되었을 가능성이 있다.

가족의 초상화

둥지 생활 다음으로 이어질 내용은 양육이다. 새끼를 돌보는 마이아사우라에 관한 사실이 발표되자 공룡학계는 들썩거렸다. 번식 행동은 조류건 공룡이건 매우 흥미로운 주제다. 번식과 관련된 화석의 관찰을 통해 알려진 내용을 들여다보자.

공룡은 새끼를 돌봤을까?

이 물음 속에는 숨겨진 사실이 있다. 공룡은 무려 1억5000만 년이라는 긴 세월 동안 존재했다는 것이다. 호모사피엔스의 역사는 고작 20만 년밖에 안 된다. 그런데도 20만 년 전의 인류와 지금 시대의 우리를 뭉뚱그려 한마디로 '인간은 이렇다'고 정의하기는 어렵다. 우리는 자전거를 탈 줄 알지만, 20만 년 전의 화석에서는 자전거를 찾아볼 수 없다. 그러니 '호모사피엔스는 자전거를 탈 줄 안다'고 단언할 수 있을까? 시간의 흐름에 따라 변화하는 행동을 종합하여 한마디로 정의하기에는 무리가 있다. 따라서 초기 공룡 단계에서는 양육을 하지 않았으나 후기로 넘어가면서 양육하는 개체가 늘어났다는 말은 전혀 흥미롭지 않을 뿐더러 어느 쪽으로든 유리하게 해석할 수 있는 애매한 대답이다.

우선 공룡의 양육에는 여러 단계가 있다. 첫 단계는 알을 낳은 뒤 부화할 때까지 기다리는 기간으로, 알을 따뜻하게 품어주어야 한다. 다음 단계는 알에서 부화한 새끼를 보호하는 기간, 새끼가 웬만큼 자란 뒤에는 개체와의 공동생활이다. 이러한 과정이 공룡 부모에게 기대할 수 있는 돌봄이다.

남아프리카 공화국에서 쥐라기 전기의 둥지 화석이 하나 발견되었다. 그 주인은 용각류 마소스폰딜루스로 추정되며 34개의 알이 들어 있었다. 알껍질의 두께는 0.1밀리미터밖에 되지 않았다. 마소스폰딜루스의 몸 길이는 총 4미터 정도다. 용각류에는 초대형 종이 많기 때문에 4미터라는 길이가 와 닿지 않겠지만, 자그마치 4미터다. 우리 집 거실의 천장 높이가 약 2.5미터니까 마소스폰딜루스는 차려 자세도 할 수 없다. 이처럼 거대한 마소스폰딜루스가 얇디얇은 껍질을 지닌 알을 품어주려고 했다간 으스러진 흔적도 찾아보기 힘들 것이다. 반면 달걀의 껍질 두께는 약 0.3밀리미터 정도로, 닭의 체중 압력을 버텨낼 수 있는 두께다.

알껍질은 주로 탄산칼슘으로 되어 있으며, 칼슘은 동물에게 중요한 영양소다. 사람도 칼슘이 부족하면 근육 경련이나 골연화증 등을 일으키며, 불안함과 짜증을 증가시킨다. 알을 만드는 데도 많은 양의 칼슘이 요구되기 때문에 개똥지빠귀는 달팽이 껍질을 섭취한다. 닭을 사육할 때 굴 껍질을 모이에 섞어주는 것도 그런 이유에서다. 공룡이 칼슘을 적게 섭취했다면 그 알의 껍질 두께는 최소한이었을 것이다.

세계 각지에서 발견된 공룡 알 중에는 껍질 두께가 3밀리미터가 넘는 것도 있다. 부모의 체구에 따라 다르겠지만 알껍질 두께가 두꺼운 편이라면 그 개체는 알을 품었다고 볼 수 있다. 그 예로 오비랍토로사우루스류나 트로오돈 등은 실제로 포란의 습성이 있었을 것으로 이야기되고 있다. 알을 낳기만 한 것이 아니라 부모와 자식으로서의 진정한 관계가 시작된

굴 껍질
새의 사료로 굴 껍질 가루가 이용된다. 보레이 가루라고도 하는데, 굴牡蠣의 음독인 '보레이ぼれい'가 어원이라는 설도 있다.

셈이다. 그런데 오야코 덮밥[일본의 닭고기 달걀덮밥. '오야'는 아버지, '코'는 아기를 뜻한다]은 친부자지간이라 할 수 있을까? 내가 세계 정복을 이룬다면 2세대 덮밥으로 명칭을 고치고 싶다.

편하게 살고 싶다

아르헨티나 지역의 백악기 용각류는 지열을 이용하여 알을 따뜻하게 했다는 연구도 있다. 집단으로 둥지 생활한 흔적이 있고, 다수의 개체가 같은 장소를 반복적으로 이용한 것으로 보인다. 이 지역에서는 무사히 부화에 성공하지 못한 공룡의 알이 화석으로 남겨졌다. 발견 장소는 당시 화산 활동이 많이 일어나는 지열 지대로, 뜨거운 열과 증기를 이용하여 알을 부화시킨 것으로 추정되고 있다. 지열 지대라 해도 장소별로 온도 차이가 있었을 테고, 갑자기 온도가 올라가는 곳도 있었을 것이다.

현존하는 조류 중에 메거포드과 새는 알을 품지 않고 태양열이나 발효열, 지열을 이용하여 알을 따뜻하게 유지한다. 통가무덤새나 셀레베스메거포우드가 지열을 이용한다. 그러나 지열로 알을 따뜻하게 유지하는 게 항상 쉬운 방법은 아니다. 풀숲무덤새는 태양열을 이용하지만 둥지의 온도를 33도로 유지하기 위해 분주히 낙엽을 덮었다 치웠다 하면서 관리한다. 차라리 스스로 품는 편이 낫지 않을까? 여하튼 메거포드과 새가 자연의 열을 이용한다는 사실은 상당히 특수한 경우다.

세계 각지에서 발견되고 있는 모든 용각류가 부화에 지열을 이용했다고 보긴 어렵다. 하지만 적어도 알을 따뜻하게 유지하려 했음을 알 수 있다. 공룡은 세월의 흐름 속에서 효율적인 부화를 위해 알을 따뜻하게 품는 방법을 택하게 되었을 것이다. 현대 조류도 부화를 할 때 도마뱀보다 높은 온도를 유지하고 있다.

지열을 이용
발견된 것 중에는 틀림없이
세계에서 가장 오래된 온천
알이 포함되어 있을 것이다.

거대 공룡은 몸집이 너무 커서 포란을 하기에는 부적합하다고 알려져 있다. 부모의 몸무게가 250킬로그램 이하여야 포란이 가능하다고 하는데, 그 무게라면 몸길이가 약 3미터 정도일 것이다. 또 알껍질이 얇으면 쉽게 깨져버리기 때문에 포란이 불가능하다. 그러나 알껍질을 두껍게 하려면 더 많은 칼슘이 요구되며, 껍질이 지나치게 두꺼우면 알 속의 새끼가 호흡이 곤란해질뿐더러 알을 깨고 나오기도 어렵다. 공룡 알은 크기가 작은 것으로 알려져 있다. 지금까지 발견된 것도 대부분 지름이 30센티미터 이하다. 공룡은 몸집을 키울 수는 있지만 알 자체를 키우기에는 물리적 한계가 있었던 것으로 보인다.

새가 지열을 이용한 것은 특수한 사례지만, 스스로 알을 품지 못하는 거대한 공룡에게는 불가피한 선택이었을 것이다. 중생대는 현재보다 화산 활동이 활발한 시기였기 때문에 의외로 지열이 널리 이용되었을 수 있다. 그렇다면 당연히 태양열도 이용하지 않았을까 싶다. 열 흡수에 용이한 검은 자갈로 지어진 둥지가 발견된다면 태양열 이용의 가능성을 고려해볼 수도 있겠다. 알껍질까지 까맸을지도 모른다.

혹시 야외에서 독사의 알을 본 적이 있는가? 본 적이 있다면 당장 학회에 보고하기 바란다. 그들은 알을 낳지 않고 모체 안에서 부화해서 새끼를 낳는 난태생卵胎生이다. 체내에서 알을 따뜻하게 해주기 때문에 야외 보온이 필요 없다. 이 방법이라면 거대한 공룡도 도전 가능했을 것이다. 하지만 오늘날 난태생을 선택한 조류는 발견되지 않았다. 비행 생활을 하는 새는 몸이 최대한 가벼워야 하고, 알을 빨리 몸 밖으로 빼내는 편이 유리하기 때문에 난태생을 선택하지 않았을 것이다.

알을 직접 품기 어려운 거대 공룡이라면 난태생 방식을 진화시켰을 수

난태생
중생대의 멸종 파충류인 어룡도 난태생이었을 것으로 추정하고 있다. 파충류 외에도 우렁이 등의 연체동물, 열대어 구피, 상어와의 일부 종, 실러캔스 등 어류에서 많이 찾아볼 수 있다.

마이아사우라
1990년에 개최된 공룡 엑스포에서 새끼를 돌보는 마이아사우라의 뼈대가 국립과학박물관에 전시되었다. 그 후 이 표본은 본관 1층의 홀(현 일본관)로 옮겨 전시되었다. 놀랍게도 뼈대에는 공룡의 생활양식이 그대로 나타나 있다.

도 있다. 지열을 이용하는 것보다는 이런 방식이 더 유리한 공룡도 있었을 법하다. 난태생은 어류와 조개류 그리고 파충류에서는 뱀, 도마뱀, 카멜레온 등 다양한 그룹에서 독립적으로 진화해온 일반적인 생식 방법이다. 공룡이 이 방법을 택하지 않을 이유가 없다. 지금까지 공룡의 체내에서 발견된 소형의 공룡 화석은 주로 위장의 내용물로 간주되었지만, 자세히 살펴보면 난태생의 증거일 수도 있다.

양육이 걸어온 길

알이 부화하면 곧 보살핌이 시작된다.

마이아사우라의 둥지 화석에서는 둥지 속 새끼의 마모된 치아와 식물이 발견되었다. 이에 대해 부모가 먹이를 가져와 새끼를 돌본 증거라고 주장하는 입장이 있고, 마이아사우라가 새끼를 돌본 증거는 어디에도 없다고 반박하는 입장도 있다. 그러나 공룡 전체를 보면 공룡이 새끼를 돌봤을 가능성은 충분하다.

프시타코사우루스나 프로토케라톱스를 비롯한 각용류 화석 중에는 다양한 연령층의 개체로 구성된 집단의 흔적이 발견되기도 했다. 그렇다면 어린 개체부터 늙은 개체까지 두루 무리를 형성했음을 짐작할 수 있다. 게다가 용각류의 발자국 화석에서는 새끼를 무리의 중앙에 배치한 사실도 엿볼 수 있다. 무리 짓는 공룡 가운데 새끼를 보호하면서 생활한 종이 있었음이 확실하다. 그들은 사회성을 가지고 있었을 것이다.

대형 공룡이 완전히 성장하려면 1년이나 2년 여의 시간으로는 충분치 않다. 뼈에 남겨진 성장선을 연구한 결과, 거대한 용각류인 아파토사우루스가 다 자라는 데는 18년 넘게 걸리는 것으로 파악되었다. 비교적 소형 용각류인 플라테오사우루스는 좀더 빨리 성장하겠지만 최소 12년이 걸린다고 한다. 육식 동물이 활개를 치는 중생대에 어린 개체가 무사히 성인이 되려면 어른 개체의 보호가 필요하다. 보호받지 못한 새끼는 결국 잡아먹힐 수밖에 없다. 결국 새끼를 보호한 개체가 더 많은 자손을 남기기 때문에 양육이 진화했으리라 보는 게 마땅하다.

저출산은 사회 안정의 증거

동물은 다산다사多産多死형 개체가 있고 소산소사少産少死형 개체가 있다. 소산다사형은 멸종으로 향하고, 다산소사는 바이바인 효과로 큰 문제를 초래한다. 시험 삼아 무게가 1킬로그램 정도인 오리가 매년 10개의 알을 낳고 30년을 생존한다고 가정해보자. 한 쌍에서 출발하여 30여 년간 번식한 오리들을 모두 합치면 지구의 무게를 초과하는 수준에 이른다.

다산다사형은 사망률이 높은 환경에서 나타난다. 포식자가 많거나 환경이 열악하여 죽는 개체가 많기 때문에 일단 새끼를 많이 낳아야 한다. 90퍼센트의 새끼가 죽는다고 해도 1쌍(2개체)만 살아남으면 타산이 맞는다. 이와 반대로 저출산은 매우 안정적인 환경에서 진화한다. 서식지가 안전하여 이미 포화 상태에 가까울 만큼 개체 수가 많은 경우다. 그런 상황에서는 자식을 많이 낳으면 정착할 만한 장소를 찾기 어렵기 때문에 출산율을 줄이고 낳은 자식을 제대로 뒷바라지하여 경쟁력 있게 양육하는 쪽으로 진화한다.

공룡은 생태계 피라미드의 상위에 자리 잡고 있다. 일반적으로 상위에 위치하는 생물은 하위 생물보다 사망률이나 출산율이 낮은 편이다. 그러나 지금까지 발견된 공룡 둥지 중에는 알이 10개가 넘는 경우가 종종 있

바이바인
미래에서 온 고양이형 로봇이 활약하는 국민적 만화에 등장하는 약품. 한 방울만 떨어뜨려도 5분마다 그 수가 배로 증가한다. 주인공은 이 약품을 과자에 사용했다.

었다. 오비랍토르 등의 코엘루로사우루스류의 둥지에서도 20~30개의 알이 발견되기도 했다.

반면 새는 압도적으로 적게 알을 낳는다. 짧은꼬리알바트로스는 한 번에 한 개만 낳으며 매 역시 2, 3개다. 알을 많이 낳는 새는 박새나 흰뺨검둥오리 등 약자인 피식자에 속하는 종이지만 그 경우도 10여 개가 고작이다. 공룡 알의 개수는 종마다 다를 수 있고 아직 발견되지 않은 종도 많기 때문에 장담하기는 어렵지만, 알의 개수가 많았다는 건 포식자의 위협이나 사망률이 높았다는 증거라 할 수 있다. 이는 공룡이 새끼를 보호했을 가능성이 있다는 주장과도 모순되지 않는다.

지배계층에 속해 보이는 공룡이라도 몸이 충분히 성장하기 전까지는 뭇 선배들의 위협에 떨었을 것이다. 왠지 운동부 또는 과거의 대학 기숙사 생활이 떠오른다. 조류는 대부분 나무 위 둥지 생활로 진화해왔지만

레이산알바트로스의 부모와 자식
조류는 새끼가 자유롭게 활동할 수 있을 때까지 어미가 돌본다.

공룡은 기본적으로 지상에 둥지를 짓고 생활해왔다. 당연한 말이지만 지상 생활은 지상성 포식자의 공격을 받기가 쉽다. 이에 대해 공룡은 알의 수를 늘리고 어린 새끼를 보호하는 방법으로 대처해왔고, 새는 지상 생활과 작별하는 방법으로 지상 포식자로부터 자유로워졌다.

새끼를 돌보는 공룡을 상상하면 왠지 평온하고 따뜻한 그림이 그려지지만 여기에는 자손을 남기기 위한 처절한 전략이 숨어 있다. 그리고 새들이 나무 위로 진출해 입체적인 세상을 이용하는 데 이르기까지 선배들은 극심한 포식압捕食壓[잡아먹혀 개체의 수가 감소하는 현상]을 겪었다.

부화
내부에서 단단한 주둥이로
알을 깨고 탄생하는 공룡

육식 공룡은
밤에 사랑을 나눈다

어둡고 침울한 장소에서 거대한 공룡이 꿈틀거리는 모습은 꽤 공포감을 안겨주는 광경이다. 영상 작품에 자주 그려지는 이런 광경이 중생대에도 진짜 존재했을까?

자기 자신을 위해 자원을 나누다

야행성 공룡은 실제로 존재했을까? 이 주제에 대해 알아보기 전에, 왜 낮과 밤이라는 각기 다른 시간대에 활동하는 동물 개체가 생겼을지 생각해보자.

종의 분화를 거치면서 종은 필연적으로 늘어나게 마련이다. 이들이 같은 지역을 공유하다보면 한정된 자원을 두고 경쟁과 싸움이 빚어진다. 이는 서로에게 손해다. 이런 경우 타인이 사용하지 않는 자원을 쓰면 경쟁에 휩쓸리지 않고 평온하게 살아갈 수 있다.

인간 세계에서도 마찬가지다. 소고기 파티 현장을 상상해보자. 핏덩이 먹이를 앞에 놓고 전쟁이 벌어질 참이다. 자연 생태계를 그대로 옮겨놓은 축소판이라 할 수 있다. 숯불 위에서 치익 치익 맛있게 익어가는 소갈비 한 점을 노리는 건 당신만이 아니다. 그러나 단 한 명만 소갈비를 먹을 수 있다면? 소갈비를 쟁취하려다가 다 같이 죽는 것보다 내장 부위에 집중하여 부분 독점을 도모하는 쪽이 효과적이다. 나는 양이나 천엽을 집중하여 공략하도록 하겠다. 결코 싸움에 이길 자신이 없어서가 아니다. 어디까지나 평화주의자이기 때문이다.

자원은 여러 방법으로 나눌 수 있다. 종류와 크기가 서로 다른 것을 차지하는 게 한 방법이다. 예를 들어 큰 씨앗을 먹으려면 그것을 부술 수 있는 단단하고 큰 부리가 편리하다. 작은 씨앗을 먹는 데는 그것을 집을 수 있는 가늘고 정교한 부리가 편리하다. 자신의 특기를 이용하여 다른 동물보다 능숙하게 특정 음식을 먹을 수 있다면 살아남을 확률은 그만큼 높아진다. 종에 따라서 부리 형태가 다양한 것은 바로 이 때문이다. 자원 분할은 생존을 위해 흔히 쓰이는 방법이다.

조류는 기본적으로 주행성 동물이지만 올빼미나 쏙독새, 멧도요, 해오라기 등의 야행성도 있다. 이것도 자원 분할의 한 방법이다. 예를 들어 어류 중에도 낮에 활동하는 개체와 밤에 활동하는 개체가 있다. 왜가리과에 속하는 대부분의 조류는 주행성이기 때문에 점심식사용 물고기는 경

해오라기
왜가리과에 속하는 야행성 조류. 낮에는 멍하니 서 있는 것처럼 보인다. 다이고 천황으로부터 정5위를 수여받았다는 일화가 있다. 밤에 까악 까악 울면서 날아다닌다고 하여 밤까마귀라고도 불린다.

쟁률이 높다. 그러나 저녁식사용 물고기를 노리는 왜가리는 많지 않다. 예를 들어 미꾸라지나 붕어는 야간에 활발하게 활동하기 때문에 밤에 수월하게 잡을 수 있다. 원래 조류는 시각에 의존하는 동물이므로 야간 활동에 약함에도 불구하고 밤을 택한 것은 무모한 경쟁을 피하기 위한 것이다.

활동 시간대를 늦춘 목적에는 포식자를 피하기 위한 것도 있다. 조류가 주행성으로 진화하면 그에 따라 주행성 포식자도 진화한다. 예를 들어 주로 바다에서 물고기를 잡아먹으며 살아가는 슴새는 밤마다 지상에 마련한 번식지로 찾아왔다가 해 뜨기 전에 달아난다. 이는 주행성 포식자인 매의 습격을 피하기 위한 것으로 생각된다. 그러면서도 슴새는 낮에 바다를 산책하기도 하고 바닷물에 잠수하여 물고기를 쫓는 등 레저를 즐기기도 한다. 따라서 슴새는 완전 야행성은 아니고, 번식지에 한정된 야행성 조류다.

포유류, 파충류, 어류에도 야행성과 주행성이 있다. 시간상으로 자원을 분할하는 것은 일반적인 전략이다.

공룡도 밤에 활보한다

지금까지 살펴본바 야행성 공룡이 있었다 해도 이상하지 않으며, 오히려 당연한 것처럼 느껴진다. 그러나 지금까지 공룡은 주행성 동물로 간주되는 경우가 많았다. 당연히 화석으로는 야행성 증거를 확보하기 어렵기 때문이다. 사람 역시 골격만으로는 아침형 인간인지 올빼미형 인간인지 알아낼 수 없다. 공룡이 시계를 차고 있으며 잡아먹히는 그 순간 절묘하게 시계가 멈춘 정황이 그대로 화석으로 보존되었다면 가능하겠지만 말이다. 더욱이 시계는 디지털 방식이 아닌 아날로그 방식이어야 하고, 시계

판은 12시간이 아니라 24시간이어야 할 것이다. 화석 증거에는 그리 많은 우연은 담겨 있지 않다.

2011년 야행성 공룡의 존재를 뒷받침하는 논문이 발표되었다. 이것은 눈의 크기를 토대로 분석한 연구 결과다. 익룡이나 조류를 포함하여 33종의 조룡류 화석의 눈구멍眼窩과 공막뼈의 크기를 비교 관찰했다. 눈구멍은 머리뼈 속 안구가 들어가는 공간이며 공막뼈는 안구를 고정하는 뼈를 말한다. 이들 크기의 비교를 통해 동공의 상대적인 크기를 조사한 것이다.

분석 결과 수각류의 벨로키랍토르나 미크로랍토르, 익룡인 람포린쿠스 등은 야행성이고, 조반목인 프로토케라톱스나 프시타코사우루스, 용각류인 디플로도쿠스나 플라테오사우루스 등은 주행성/야행성 겸용이고, 원시 조류인 시조새나 공자새[콘푸키우소르니스Confuciusornis는 약 1억 2000만 년 전, 백악기 초기에 중국에서 살았던 고대 새다. 현대의 새처럼 이가 없는 부리를 가지고 있었다. 새 이름은 공자에서 유래했다], 익룡인 테로닥틸러스 등은 주행성이었을 가능성이 높다고 밝혀졌다. 또한 수각류인 콩코랍토르는 뇌의 감각령 크기를 조사한 다른 연구에서 밤에 활동했을 가능성이 높은 것으로 밝혀지기도 했다.

대형 초식 공룡인 용각류는 다량의 식물을 섭취해야 하기 때문에 활동 시간도 길게 마련이고, 그런 이유로 밤낮을 가리지 않고 활동했을 것이다. 또한 중생대의 기후로 볼 때 지금보다 기온이 높았던 점도 감안해야 한다. 대형 공룡은 더운 낮에 활동하면 체온이 상승하기 때문에 시원한 시간대에 활동하는 편이 나았을 것이다.

자, 그러면 야행성 새의 눈의 특징을 살펴보자. 야행성 새는 눈이 작아진 개체와 커진 개체로 진화되었다. 뉴질랜드에 사는 야행성 조류인 키위

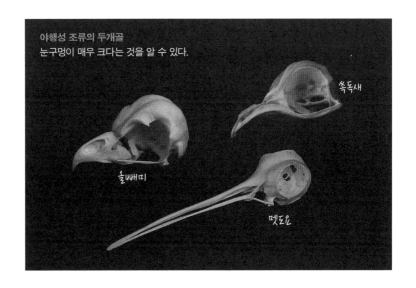

야행성 조류의 두개골
눈구멍이 매우 크다는 것을 알 수 있다.

쏙독새

올빼미

멧도요

는 눈이 매우 작고 시력이 낮은 대신 후각이 발달했다. 어두운 밤에 생활한다는 건 눈이 어둡다는 것이다. 키위는 빛이 부족한 세계에서 적은 빛을 응시하려 애쓰기보다는 후각이라는 다른 감각에 의존하는 쪽을 선택했다.

올빼미와 쏙독새는 반대의 경우다. 그들의 눈은 매우 크다. 쏙독새는 안구가 머리의 대부분을 차지하는 것처럼 보인다. 뇌가 안구의 압박을 받아 머리가 나빠지지 않았을까 걱정될 정도다. 하지만 야간에 적은 빛을 효율적으로 이용하려면 동공을 확대하여 조금이라도 많은 빛을 끌어 모아야 한다. 이것이 그들의 전략이다. 해오라기와 멧도요의 두개골 형태를 보면 각각 왜가리과와 도요과 중에서도 눈구멍이 크다는 것을 알 수 있다.

앞서 야행성 공룡을 언급한 논문에서도 공룡의 눈이 다른 개체에 비해 큰 것으로 나타났다. 이 사실이 야행성 공룡을 주장한 근거였다. 말하자면 키위 형이 아닌 올빼미 형이라 할 수 있다.

키위 형과 올빼미 형의 차이는 무엇일까? 키위 형은 시력을 포기한 반면, 올빼미 형은 시력을 포기하지 않고 끝까지 지켰다는 점이다. 시력을 포기하면 완전한 야행성이 되어 낮에 활동하기가 어렵다. 대낮에 앞을 볼 수 없어 휘청댄다면 포식자의 표적이 된다. 그러나 낮의 활동을 포기해버리면 안구라는 기관을 만들지 않아도 되기 때문에 그 생산 비용을 절감할 수 있다.

올빼미 형은 낮에도 활동할 수 있다는 게 장점이다. 올빼미는 주로 밤에 활동하지만 낮에도 사냥을 한다. 북극에 사는 흰올빼미는 기나긴 백야 현상 때문에 낮에도 왕성하게 활동한다. 해오라기는 번식기에는 주행성 생활을 하다가 번식기가 끝나면 야행성으로 돌아간다. 물론 완전한 야행성 조류도 있지만, 시력을 강화하여 밤낮 구별 없이 자유롭게 활동하는 유연성을 지녔다.

완전한 야행성이 되어 어둠의 생활을 즐기는 것도 나쁘지 않지만 밤낮으로 활동할 수 있다면 식량 변동에 대응할 수 있기 때문에 이득이 크다. 실제로 눈이 퇴화하는 방향으로 진화한 야행성 조류는 그리 많지 않으며, 대부분 눈이 큰 쪽을 택했다.

눈이 큰 공룡도 밤에만 생활하지는 않았을 것이다. 물론 완전한 야행성도 있었겠지만 낮과 밤 모두 활동할 수 있는 개체가 더 많았으리라 추정된다.

공룡들이여, 아름다운 사랑의 노래를 불러라

주로 밤에 활동하는 공룡의 특징을 한번 상상해보자. 그들의 몸은 어두운 색이다. 특히 흰색 계통은 거의 없고 기본적으로 갈색이다. 올빼미,

멧도요
도요목 도요과의 조류. 야행성이며 땅딸막한 체구로 삐잇삐잇 하고 운다.

쏙독새, 멧도요 등도 진한 갈색 계열의 색을 띠는데 밤에 활동하는 대신 낮에는 잠을 잔다. 잘 때는 무방비 상태이기 때문에 보호색으로 눈에 띄지 않도록 하는 게 철칙이다. 땅이나 숲에서 쉴 때도 갈색으로 감쪽같이 위장한다.

어두운 밤에는 눈이 큰 공룡이라고 해도 시력에만 의존하여 먹이를 찾기 어렵다. 후각으로 찾을 수 있는 먹이는 지렁이나 달팽이처럼 움직임이 느린 동물 정도다. 하지만 공룡이 좋아하는 소형 포유류나 파충류라면 후각으로는 어림없다. 예민한 청각이 있어야 한다.

일반 파충류의 귀는 그저 머리에 뚫려 있는 구멍이라 할 수 있다. 이러한 귀는 소리를 모으는 집음 능력이 약해서 어느 방향에서 들리는 소리인지 알아채기 어렵다. 야행성 동물에게는 방향 탐지를 제대로 할 수 있는 귀가 필요하다. 포유류는 외부로 돌출되어 있는 귀, 즉 귓바퀴가 집음 장치의 역할을 한다. 올빼미는 이른바 귓바퀴는 없지만 얼굴이 오목한 접시

올빼미
얼굴이 오목한 접시 모양을 하고 있어 소리를 효과적으로 모을 수 있다.

모양이어서 집음 능력이 뛰어난 것으로 알려져 있다. 하지만 공룡의 얼굴은 올빼미 스타일이 아니기 때문에 포유류처럼 귓바퀴가 있어야 밤 사냥이 가능했을 것이다. 귓바퀴는 연골과 피부로 되어 있어 화석 증거로 남겨지기 힘들지만 공룡의 전체적인 외관상 변변치 않은 귓바퀴라도 달려 있는 편이 좋을 듯하다. 아니면 깃털로 귓바퀴 모양을 만들어도 되고.

앞서 살펴본 대로 야행성 공룡은 눈이 크다. 일반적으로 눈이 작고 찢어진 동물은 날카롭고 무서운 느낌이지만 눈이 크고 둥글면 귀여워 보인다. 야행성에 적합한 눈은 작고 매섭게 찢어져서 날카로워 보이는 괴수의 눈이 아니다. 빛을 최대한 효과적으로 모을 수 있는 크고 동그랗고 귀여운 느낌의 눈이다. 귀가 있고 눈이 크고 몸 색깔이 갈색이라면 야행성 공룡으로 추정해볼 수 있다.

주행성 공룡이 활동을 마친 밤이면 주위에는 고요한 정적만이 흐른다. 그러나 번식기가 찾아오면 밤의 고요함은 사라진다. 여기저기서 공룡의 사랑 노래가 들려온다. 짝짓기를 위해 목청을 돋우는 소리는 '크아!' 하는 괴수의 소리가 아니다. 서로의 모습이 잘 보이지 않는 밤의 세계. 여기저기 떨어져 사는 육식 공룡은 파장이 긴 저음으로 장시간 노래한다. 어떤 공룡은 퉁소처럼 음정을 바꿔가며 노래하고, 어떤 공룡은 오카리나 같은 소리로 뿌뿌 하고 반복적으로 노래한다. 근거는 없지만, 이런 장면이 떠오른다.

몸에 흰색 반점이 있는 수컷은 암컷에게 호감을 불러일으킨다. 눈에 띄지 않는 어두운 갈색만으로는 매력을 과시할 수 없다. 평소에는 눈에 띄지 않지만 맘만 먹으면 보여줄 수 있는 부위에 선명한 흰색 반점이 있으면 좋다. 목이나 팔 안쪽이 좋겠다. 수리부엉이는 달이 뜬 밤이면 목에 난 흰색 반점을 과시하며 암컷을 유혹하며, 쏙독새 날개나 멧도요 꼬리 뒤쪽에

도 백색 반점이 있다. 물론 깜깜한 밤에는 효과가 없으므로 달빛이 있는
밤이어야 한다.

곳곳에서 수컷 공룡들은 소리 높여 노래하면서 목을 쭉 빼거나 앞발
을 들거나, 아예 목과 팔을 들어 올리는 뇌쇄적인 포즈를 취한다. 공룡들
의 뜨거운 밤은 이제 막 시작되었다.

화석에서 얻을 수 있는 공룡의 모습과 행동에 대한 정보는 매우 단편

야행성 수각류
눈이 크고 귀가 발달해 있다.
몸은 전체적으로 어두운 색
깔이며 얼룩이 있다. 목에 암
컷을 유혹하기 위한 흰색 반
점이 있다.

적이다. 그것은 실제의 모습 그대로 옮겨진 것이 아니라 화석화되기 쉬운 형질만 남겨진 것이기 때문이다. 행동 양상이 그대로 남은 화석이 존재한다면 그 행동은 실재했던 것이 틀림없다. 하지만 화석이 공룡의 실제 모습을 보여주는가 하는 의문이 남는다. 직접적인 자손인 조류를 통해 유추해보면 훨씬 다양한 공룡의 생활을 엿볼 수 있겠지만 그것을 증명할 화석은 영원히 발견되지 않을지도 모른다. 그렇다고 포기하기는 이르다. 공룡 연구는 고작 180년밖에 안 됐다. 아직 정정한 노부부의 나이를 합친 정도 아닌가. 또 미래는 아무도 모른다. 깜짝 놀랄 행동 화석이나 획기적인 상태로 보존된 공룡이 발견될 가능성은 얼마든지 있다.

공룡은 매혹적인 여성과 같다. 보여줄 듯 말 듯 애간장을 태우는 최고의 기술로 우리의 마음을 사로잡는다. 땅속에 숨어 발굴을 기다리는 화석은 미네 후지코처럼 비밀을 살짝 보여주면서 우리를 유혹한다. 보일 듯 말 듯한 이 미스터리가 미녀와 공룡의 공통점이며, 최대 매력인 것이다. 공룡이 화석에 모든 사실을 남기지 않은 것이야말로 최대의 무기임을 이번 장을 집필하면서 다시금 깨닫게 되었다.

미네 후지코峰不二子
몽키펀치의 만화 「루팡 3세」에 등장하는 미스터리한 여주인공. 드라마나 영화로 제작된다면 어떤 여배우가 가장 잘 어울릴까 하는 게 많은 사람의 단골 화제다.

4장

공룡은 순수하게
생태계를 구축한다

모든 생물은 생태계 안에서 다양한 역할을 한다. 공룡의 웅장한 스케일과 신비함에 우리는 넋을 잃지만 그들도 생태계에서 맡은 역할이 있었을 것이다. 공룡처럼 거대하고 지배적인 생물의 존재 때문에 지구상에 어떤 일이 벌어졌으며, 그리고 공룡의 멸종이 지구 환경에 어떤 영향을 끼쳤는지 알아보자.

세계는
공룡 안에서 돈다

누가 뭐래도 공룡은 중생대 지구를 군림했던 왕자다. 거대한 몸집만큼 그들은 생태계에 막대한 영향을 끼쳤을 것이다. 그렇다면 과연 공룡은 지구 생태계에 어떤 변화를 일으켰을까?

크면 좋다

공룡은 중생대를 주름잡았던 지상 최대의 동물이다. 물론 대형 공룡뿐만 아니라 소형 공룡도 있다. 최근 아프리카에서는 신종 소형 공룡인 페고매스탁스 아프리카누스가 발견되어 큰 화제를 모았다. 몸길이 약 60센티미터 정도로 추정되는, 확실히 공룡치고는 소형이지만 조류에 비하면 상당히 큰 편이다. 이름에 '오오ォォ(큰)'라는 명칭이 포함된 참매ォォタカ나 슴새ォォミズナギドリ는 몸길이가 50센티미터, 회색다리뜸부기ォォクィナ는 25센티미터, 재때까치ォォモズ는 24센티미터, 검은머리쑥새ォォジュリン는 15센티미터로, 공룡과의 스케일 차이를 알 수 있다.

물론 몸집이 작은 새들도 생태계에서 많은 역할을 한다. 대표적인 작은 새로 주변 숲에서 자주 볼 수 있는 박새는 수목에 해로운 곤충의 유충을 먹어치워 해충 방제에 유용한 역할을 하는 것으로 알려져 있다. 그런데

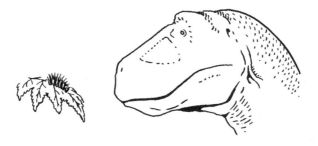

거대한 공룡이 활약한 당시라면 생태계의 비중과 역할도 크지 않았을까?

티라노사우루스의 몸무게를 6톤이라고 치자. 박새의 무게는 약 15그램이다. 티라노사우루스 한 마리는 박새 40만 마리(20만 쌍)의 무게를 지닌다. 박새 한 쌍의 활동 영역이 2헥타르라면 20만 쌍은 4000평방킬로미터로, 시가현의 면적과 맞먹는다. 먹는 양을 몸무게에 비례하여 단순 계산하면, 티라노사우루스 100마리로 일본 전역의 해충 방제를 해치울 수 있다.

공룡은 어떤 종이든 매력적이며 상상력을 자극한다. 자칫하면 공룡의 생김새나 생활 방식에 넋이 빠져 공룡이 생태계에서 보여준 활약상을 생각해볼 기회를 놓칠 수도 있다. 여기에서는 티라노사우루스가 무엇을 먹고 살았는가보다는 먹고 먹히는 생태계에서 공룡이 과연 어떤 역할을 했는지에 대해 알아보기로 하자.

서식지의 환경은 초식 동물에 의해 결정된다

먹는다는 것은 먹히는 생물의 양과 직접적인 관계가 있다. 지금까지 많은 종의 초식 공룡이 알려져 있는데, 몸길이가 35미터나 되는 디플로도쿠스를 비롯한 용각류가 대표적인 초식 공룡이다. 몸무게는 40톤 정도로 추정된다. 조각류도 기본적으로 초식형이지만 비교적 몸집이 작은 편이다. 몸길이가 10미터 정도인 하드로사우루스가 그중 큰 편이다. 10미터가 작은 축이라니, 놀라울 뿐이다. 이에 비해 아프리카 코끼리는 6미터에 불과하다. 공룡을 보노라면 크기에 대한 감각이 무뎌져서 문제다.

발자국 화석으로 미루어 보면 초식 공룡은 집단생활을 했다. 거대한 덩치들이 떼 지어 다니는 광경을 직접 본다면 마치 모빌 슈트[건담] 1개 대대가 쳐들어오는 느낌 아닐까. 그들의 무리 생활은 포식자의 습격에 효과적으로 대처할 수 있다는 점에서 꽤 합리적이다. 반면 그 지역의 식물은 엄청난 포식압에 시달렸을 것이다.

몸무게가 5톤 정도인 아프리카 코끼리가 하루에 먹는 양은 100킬로그램이 넘는다. 대형 용각류나 조반목도 아프리카 코끼리와 비슷하거나 그 이상 먹었을 것으로 보인다. 몸무게가 40톤에 육박하는 용각류가 아프리카 코끼리와 같은 비율로 먹었다면 하루에 800킬로그램을 해치운 셈이다. 그러나 신진대사의 활동이 똑같지는 않을 테니 그 절반인 400킬로그램을 먹었다고 가정해보자. 1개월에 12톤, 1년이면 약 150톤이다. 어린 개체는 먹는 양을 절반으로 치고 아빠, 엄마, 네 명의 자녀로 구성된 가족이 1년 동안 소비하는 풀의 양을 계산해보면 무려 450톤에 달한다. 5그램짜리 민들레 9000만 포기다. 생장이 빠른 일년초로 이루어진 풀밭이라 해도 키 작은 식물밖에 없었을 것이다. 숲속에서도 목이 닿는 한 높이 뻗은 나뭇가지까지 먹었을 테니 무성한 숲이 유지되진 못했을 것이다. 아마도 듬성듬성 속이 빈 모습이 아니었을까.

포식압은 식물의 방어 구조를 진화시킨 요인이다. 초식 공룡의 먹잇감이 되는 식물은 가시를 형성하거나 잎을 딱딱하게 만드는 등의 물리적 방어 구조 그리고 독성 물질을 생성하는 화학적 방어 구조를 진화시켰다. 소나무로 대표되는 침엽수는 솔방울 같은 딱딱한 열매를 맺는다. 그래서 중생대의 겉씨식물이 딱딱한 열매를 진화시킨 원인이 공룡에 의한 포식 압이었을 가능성도 지적되고 있다. 또한 소철의 씨앗에는 사이카신이라는 강한 독성 물질이 포함되어 있는데, 이것도 공룡에 대한 방어 전략으로 진화한 것으로 알려져 있다. 제대로 방어하지 못했다면 씨앗은 와작와작 공룡의 먹이가 되어 벌써 멸종되었을 것이다. 숲속의 중저목을 다 먹어치우면 초본층이 햇볕을 고스란히 받아 키 작은 하층 식물이 무성한 숲을 이룬다. 그렇게 형성된 공간은 새들이 마음껏 날아다닐 수 있는 환경을 제공하여 산림성 조류의 진화를 가능케 했다.

덩치 큰 초식 공룡은 단지 생존을 위해 먹었을 뿐이지만 생태계 환경에는 막대한 영향을 끼쳤다. 그들로 인해 식물이 진화하고 산림 구조가 변화했으며, 그 공간에 적응한 동물들까지 진화하게 한 것이다.

식물의 방어 구조
가시나 독, 쓴맛 등 동물에게 먹히지 않기 위한 방편. 사진은 도깨비가지. 주로 강변 등에서 볼 수 있는 외래종. 줄기에서 잎까지 모두 가시로 덮여 있다.

초식 공룡은 세상을 바꾼다

초식 공룡의 영향 범위는 국소적이지 않다. 한 예로 용각류가 내뱉는 트림이 메탄가스를 얼마나 발생시키는지 예측한 실험이 있었다. 현생 동물의 메탄가스 발생량과 공룡의 무게 등을 이용하여 예측한 바에 따르면 전체 용각류가 만들어내는 메탄가스는 연간 5억 톤이 넘는다는 계산이다. 이 양은 지금 시대에 발생되는 메탄가스 양과 맞먹는 수준이다. 메탄은 온실 효과의 주원인이 되는 가스다.

소나 양 등의 반추동물은 식물을 분해하는 과정에서 메탄가스가 생성되며, 트림 등을 통해 체외로 배출된다. 오늘날에도 중요한 온실 가스 발생원으로 간주되는 이들의 가스는 전체 발생원의 10~20퍼센트를 차지하는 것으로 알려져 있다. 당시 거대한 초식 동물이 뿜어낸 가스가 전 세

트림
겨우 트림이라고 얕보지 마라. 세계기상기구WMO에 따르면, 소, 염소, 양 등의 반추동물이 1년간 배출하는 메탄가스의 양은 5000만~1억 톤에 달한다고 한다.

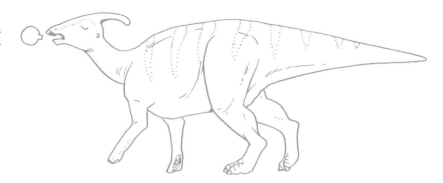

공룡의 트림
과연 공룡은 내장에 찬 가스를 입 밖으로 배출하는 행동을 했을까?

계의 온난화를 초래했을 가능성도 있다. 공룡의 생리 구조에 대해서는 전혀 알려진 바가 없기 때문에 이 수치는 어디까지나 현존하는 동물을 대상으로 조사한 결과다.

작은 범위에서 초식 공룡은 식물의 포식압을 증가시켜 생태계에 새로운 환경을 만들어왔고, 큰 범위에서는 온실 효과를 일으켜 크든 적든 지구 환경을 변화시키는 작용을 했다. 초식 공룡이 생태계 환경을 다양하게 변화시킴으로써 생물의 진화에 끼친 영향은 이루 헤아릴 수 없다.

육식 공룡은 세계 안정을 도모한다

육식 공룡의 역할은 당연히 포식자로서의 기능이다. 포식자는 피식자를 포식함으로써 피식자의 개체 수를 조절한다.

먹고 먹히는 관계에서 동물의 개체 수는 크게 두 가지 경로로 결정된다. 첫 번째는 포식자에 의한 효과다. 피식자가 잡아먹히거나 죽어서 개체 수가 제한되는 것은 생태계 피라미드 상위층에 의한 제한 요인이다. 이를 하향식 효과라고 한다. 또 다른 하나는 먹이의 효과다. 먹이가 풍부하면 개체 수가 늘어나고 부족하면 줄어든다. 이것은 피라미드 하위층의 영향을 받는 상향식 효과라고 한다.

육식 공룡의 먹이는 체구에 따라 다르다. 큰 육식 공룡이라면 대형 초식 공룡을 먹었을 것이다. 하지만 굶주린 상태가 아닌 한 몸길이가 30미터나 되는 푸에르타사우루스나 아르젠티노사우루스와 같은 대형 용각류를 먹지는 않았을 것이다. 다만 그들도 어린 시절에는 작았다. 대형 초식 공룡의 어린 개체는 육식 공룡이 먹기 딱 좋은 크기의 먹잇감이다. 예를 들어 알로사우루스류에 속하는 기가노토사우루스는 12미터나 되는 대형 육식 공룡이다. 이러한 육식 공룡은 용각류의 사망률을 좌우하는 역할을 했다.

육식 동물이 초식 동물을 잡아먹는 것은, 사실 매우 중요한 일이다. 이 포식압이 없으면 초식 동물이 지상의 모든 식물을 해치웠을지도 모른다.

염소 때문에 발생한 토사 유출 나코도섬[오가사와라 제도에 속한 섬]에서 염소가 식물을 다 먹어치워서 생긴 피해. 숲→풀밭→민둥땅→암반 노출의 단계 변화를 볼 수 있다.

현대에도 육식 동물이 없는 섬에 염소나 토끼를 인위적으로 풀어 키웠을 때 섬의 생태계가 파괴되는 일이 빚어지곤 한다. 이들이 식물의 싹을 모조리 먹어치우면 식물은 더 이상 자라지 않는다. 숲은 풀밭으로, 풀밭은 민둥 땅으로, 민둥 땅은 토양의 유실과 암반 노출을 초래한다. 그런 예는 오가사와라 제도 등지에서 볼 수 있다.

육식 공룡의 존재는 초식 공룡의 과도한 증가를 막아준다. 이런 포식자가 없었다면 초식 공룡의 증가와 숲의 감소를 불러왔을 것이다. 숲의 감소는 서식지 환경의 다양성을 저하시켰을 테고, 조류나 포유류 등 숲에 서식하는 동물의 다양성도 저하시켰을 것이다. 더구나 식물은 이산화탄소의 흡수원이기도 하다. 숲이 감소하면 이산화탄소 흡수량이 감소한다. 초식 공룡의 개체 수가 많으면 당연히 트림의 양도 증가한다. 육식 공룡은 당시의 지구 온난화를 최소한으로 줄이는 환경보호 파수꾼의 역할을 했던 것이다.

육식 공룡은 세계를 감시한다

육식 공룡은 지배자다. 초식 공룡이 멍하니 있다가는 그대로 잡아먹히고 만다. 따라서 육식 공룡을 피해 다니는 게 가장 중요한 일과였다. 다른 동물의 지상 활동을 제한하는 기능은 그들 종의 진화에 큰 영향을 끼친다.

익룡을 거대화시킨 요인 중 하나는 하늘로 진출하여 라이벌 관계를 형성한 조류의 등장이었으며, 익룡이 지상 생활에 적응하는 것을 막은 건 육식 공룡이었다. 또한 조류의 비행 능력을 촉진시킨 것도 지상에서의 포식압을 높인 공룡이라고 생각된다. 익룡이 됐건 새가 됐건 하늘을 날기 위해서는 경량화를 위한 몸 구조의 대폭적인 변경이 불가피했을 것이다.

희생을 감수하고 진화하는 데는 그야말로 생명과 관련된 큰 이득이 있어야 한다. 따라서 공룡이 지배하던 중생대에 익룡과 조류라는 양대 비행 동물이 진화하게 된 것은 우연이 아니다. 포식압이 생물 진화의 큰 원동력이 된 것이다.

포유류는 일반적으로 야행성 동물로부터 진화해온 것으로 알려져 있다. 이 역시 공룡의 생활과 연관 지어 생각해볼 수 있다. 공룡은 야행성도 있었겠지만, 기본적으로 주행성으로 보는 것이 맞다. 시각에 의존하는 동물은 당연히 햇빛이 있는 시간에 활동하는 게 편하다. 일부 종이 야행성으로 진화했다고 해도 포식자 스스로 낮 시간을 피할 이유가 별로 없다. 이에 비해 피식자였던 포유류는 야행성을 택하면 낮의 포식압에서 벗어날 수 있다. 야행성 공룡이 있다 해도 낮에 비하면 상당히 안전한 세계였을 것이다.

육식 공룡의 매서운 눈빛은 지상성 동물의 생활을 억제하고 하늘이나 밤의 생활을 촉진시켰다. 이것은 물론 공룡 멸종 이후의 세계에도 영향을 주었다. 예컨대 지금 우리가 프라이드치킨을 마음껏 먹을 수 있는 것도 지상에서 위엄을 떨쳤던 난폭한 육식 공룡 덕분인 셈이다. 그렇게 생각하니 육식 공룡에 대한 고마운 마음이 마구 샘솟는다. 백악기가 있었다는 사실에 매우 감사하다.

밤의 세계에 사는 소형 포유류

공룡 앞에는 숲,
공룡 뒤에는 길

> 큰 공룡이 식물들을 밟고 지나가면 그 자리에 길이 난다. 그렇게 생긴 길을 다양한 생물이 활용하면서 길은 점점 더 확대된다. 그리고 그 길에서 서성이는 동물을 잡아먹는 포식지로서의 역할을 하기도 한다. 중생대에는 동물이 지나간 자리에 무슨 일이 있어났을까?

중생대 토목 유한회사

공룡은 먹이 사슬에만 영향을 끼친 것이 아니다. 당시 가장 몸집이 큰 생물인 만큼 공룡이 생태계의 중요한 구성 요소였음은 분명하지만, 단순히 먹고 먹히는 관계에만 영향을 준 것은 아니라는 것이다. 다른 어떤 역할을 했을지에 대해 알아보자.

모두들 알다시피 대형 초식 공룡은 몸집이 거대하다. 그 체중으로 걸어다녔다면 틀림없이 지형의 변화를 가져왔을 것이다. 오랫동안 수많은 자동차가 지나다니면 아스팔트 도로에도 움푹한 바퀴 자국이 파인다. 비포장도로라면 지형이 변화될 가능성이 더욱 높다. 자동차가 매일 지나다니는 길 주변에는 냉이가 자라지 않듯이, 공룡이 자주 지나다니는 장소에도 이러한 현상이 있었을 것이다.

초식 공룡이 집단 거주하던 지역의 토양은 공룡이 매일 밟고 다녔으니 꽤 단단했을 것으로 추정된다. 호주에서 발견된 백악기 전기의 지층에서 수많은 용각류의 발자국이 확인되었는데, 그 일대의 기반층이 변형되어 있었다. 말하자면 육중한 녀석들이 지나다닌 결과 지면이 내려앉아 지형 자체에 이른바 공룡 길이 만들어진 것이다.

원래 교란이 많은 지역에는 다년초 같은 식물은 자라지 않고 거의 일년초만 무성한 경향이 있다. 이 공룡 길 역시 지형을 바꿔놓을 정도였으니 식물의 생육은 안정적이지 않았을 것이다. 거듭 새로운 풀이 자랐을 테고, 그 과정에서 무겁게 짓눌려도 죽지 않는 식물 위주로 생장했을 것이다. 길 위로 돋아난 새싹은 초식 공룡에게 짓밟히거나 뜯어 먹혔겠지만 그 주변에는 숲이 울창했을 것이다. 길 양옆으로 숲이 형성되면 자연스레 경계가 이루어져 길이 아닌 곳은 통행이 불편해진다. 그래서 초식 공룡은 길이 형성된 곳으로만 다니게 되고, 길은 갈수록 길다워진다.

공룡이 만든 길은 숲이나 농지를 가로지르는 지방도로 규모 정도를 떠올릴 수 있겠다. 그에 비하면 현재 일본에서 짐승이 만들어놓은 길은 귀엽기 짝이 없다. 공룡이 내준 길 덕분에 다른 여러 동물도 편하게 이동할 수 있었을 것이다. 육식 공룡이나 포유류도 이런 편리한 길로 지나다녔을 것이고, 주로 하늘을 이용하는 새들도 지상을 돌아다닐 때는 장애물이 없는 길이 편했을 것이다. 결국 모든 동물은 공룡이 만든 길을 이용하게 되었을 것이다. 인간이 숲속에 만들어놓은 산길이나 산책로 역시 다양한 동물에게 이용되고 있다. 인간이 냈든 공룡이 냈든 길이란 많은 동물에게도 편리함을 제공한다.

길은 이동 수단 외에 다른 용도로도 쓰인다. 장애물이 없는 장소는 이동에 편리한 반면 포식압이 높은 장소이기도 하다. 즉 육식 공룡은 다른 곳에 비해 사방이 트여 있어 잘 보이는 길을 포식지로 삼아, 무방비 상태

로 지나가는 동물을 습격할 수 있다. 야행성 공룡에게도 최적의 포식 장소다. 숲속은 어둡지만 달빛 아래 사방이 탁 트인 길은 꽤 환하다. 예를 들어 쥐는 보름달이 뜬 밤이면 올빼미에 잡아먹히기 쉽기 때문에 개방된 지역에서는 잘 활동하지 않는다는 연구가 있다. 이처럼 야행성 육식 공룡은 달빛이 밝은 무렵에는 길옆에 숨어서 먹잇감을 노리는 포식 전략을 세우게 되었다.

대규모로 환경을 변화시킬 수 있는 능력을 지닌 생물을 '생태계 엔지니어'라고 부른다. 당시 생태계에서 가장 상위에 위치한 공룡들은 엔지니어로서 다양한 환경을 만들고, 그곳에 서식하는 생물의 진화를 촉진시키는 주요 역할을 담당한 것이다.

식물도 길을 따라 이동한다

조류는 씨앗을 퍼트리는 중요한 역할을 한다. 식물은 스스로 이동할 수 없으므로 다양한 외부의 힘을 이용한다. 바람을 타거나 바닷물을 타거나 새나 짐승에 의해 옮겨진다. 공룡 역시 씨앗을 퍼트렸을 가능성이 있다. 공룡이 출현한 트라이아스기에는 은행나무나 소철나무 등 열매 맺는 식물이 많이 존재했기 때문에 공룡이 그 열매를 먹었다면 충분히 가능한 일이다.

동물은 크게 두 가지 방식으로 씨앗을 퍼트린다. 먹어서 배설물로 배출하는 방법과 몸에 달라붙은 것을 다른 장소에 떨어트리는 방법이다. 전자에 대해서는 현존하는 동물을 대상으로 지금까지 다양한 연구가 진행되어왔다. 예를 들어 씨앗이 덜 익으면 열매의 과육에서는 떫고 쓴맛이 난다. 씨앗이 다 익으면 달고 맛있는 과육의 향기를 풍겨 씨앗 살포자를 유혹한다. 우리는 과육이 익은 것으로 생각하지만 식물 입장에서는 과육이 익은 것이 아니라 씨앗이 익은 것이다. 식물이 과육을 이용해 씨를 퍼트리는 방식은, 말하자면 씨앗이 동물이라는 택시를 타고 이동한 대가로 과육이라는 요금을 지불하는 것이라 할 수 있다.

열매에는 광합성에 의해 생성된 영양분인 당분과 지방이 함유되어 있어 동물을 유혹할 미끼로 적합하다. 열매의 양은 한정되어 있기 때문에 과일을 주식으로 하는 공룡은 진화하지 못했겠지만 공룡과 씨앗은 틀림없이 서로 돕고 돕는 관계였을 것이다. 실제로 트로오돈류 진펭고프테릭스 엘레간스의 체내에서 씨앗이 발견되기도 했다. 공룡이 지나간 길이 그대로 식물의 이동 경로가 되는 셈이다.

배설물로 씨앗을 옮기려면 씨앗이 씹혀선 안 된다. 새는 기본적으로 통째로 먹이를 삼키기 때문에 종자를 먹는 일부 조류를 제외하고는 종자가 통째로 삼켜진다. 그러나 공룡에게는 날카로운 이빨이 있다. 특히 초식성 공룡인 조반목의 에드몬토사우루스나 코리토사우루스 등은 예비 치아라는 특수한 구조를 지니고 있다. 그 외에도 트리케라톱스 등의 각룡이나 용각류의 니제르사우루스에서도 예비 치아 구조가 발견되었다. 이 구조는 여러 개의 치아가 연결되어 하나의 덩어리를 이루어 식물을 씹고 으깨는 데 효과적이었을 것으로 추정하고 있다. 따라서 이런 치아를 지닌 공룡은 종자를 퍼트리지 못했을 것이다.

용각류의 디플로도쿠스나 고용각류의 루펭고사우루스, 조반목의 공룡 등에서는 위석의 화석이 발견되었다. 딱딱한 음식을 으깨어 소화시키기 위한 위석은 주로 타조나 닭과 같은 초식 조류의 위장에서 볼 수 있다. 위석이 있으면 씨앗도 부순다. 예비 치아구조가 있건 위석이 있건 여하튼 초식성은 나뭇가지 같은 단단한 음식을 부수는 기능이 발달해 있어서 씨앗을 퍼트리는 동물로 적합하지 않다. 다만 육식성 수각류에서도 위석이 발견된 적이 있기 때문에 위석이 있다고 해서 반드시 초식성인 것은 아니다. 예를 들어 시노칼리옵테릭스의 위에서는 위석과 함께 드로마에오사우루스류의 다리뼈가 발견되기도 했다.

열매를 먹는 공룡

   그렇다면 누가 씨앗을 퍼트리는 역할을 했을까? 아마도 잡식성 공룡
일 가능성이 높다. 조류에는 동물도 잡아먹지만 열매도 먹는 잡식성 개체
가 많다. 우리 주변에서 흔히 볼 수 있는 대표적인 잡식성은 동박새나 직
박구리 등으로, 이들은 식물의 종자를 퍼트리는 대표 주자이기도 하다.
과육이 있는 열매를 먹을 수 있는 시기는 한정되어 있어 열매만 먹는 공
룡은 진화하지 못했겠지만, 육식 공룡이라도 눈앞에 영양분이 많은 열매
가 보였다면 분명히 식사 메뉴에 추가했을 것이다. 고양이의 배설물을 분
석해보면 더러 식물의 씨앗이 나올 때도 있다. 수각류 공룡은 육식성에서
초식성으로 진화해온 것으로 알려져 있는 만큼 그중에는 잡식성 종도 꽤
있을 것이다. 이들은 원래 육식성이었으니 단단한 식물을 잘게 으깨는 치
아 구조는 발달하지 않았을 것이다.

   직박구리는 열매를 먹고 배설하기까지 짧으면 15분 걸리지만, 대부분

의 새는 1시간 정도 걸린다. 그동안의 이동 거리는 수백 미터. 새들은 몸이 가벼워야 하늘을 날 수 있기 때문에 음식이 체내에 머물러 있는 시간이 짧다. 반면 지상에서 생활하는 공룡은 배설물을 빨리 배출해야 할 이유가 없다. 이들이 열매를 먹은 지 반나절 지나서 배설한다고 치면, 대형 수각류도 그동안 수백 미터는 이동하게 된다. 하늘을 날지는 못해도 씨앗을 퍼트리는 능력은 조류에 뒤지지 않는 것이다.

길가의 히치하이커

풀숲에 들어갔다 오면 도깨비바늘이라 하는 식물의 씨앗이 옷에 달라붙을 때가 많다. 도꼬마리나 가막사리 등도 옷이나 몸에 붙어서 씨앗을 퍼트리는 대표적인 종이다. 씨앗은 가시가 달려 있거나 끈적끈적한 점액질을 분비하여 동물의 털이나 깃털, 인간의 의류에 달라붙는다.

공룡의 피부가 매끈매끈한 비늘로 싸여 있었다면 씨앗을 퍼트리는 데 기여하진 못했을 것이다. 그러나 최근 연구에서는 공룡에게 깃털이 있었을 가능성이 제기되고 있으며, 조류의 직접적인 조상인 수각류라면 깃털을 지닌 종이 드물지 않았을 것이다. 그렇다면 충분히 씨앗을 퍼트리는 역할을 했을 것이다. 몸에 도꼬마리가 잔뜩 붙어서 짜증을 내는 공룡의 모습을 상상하니 웃음이 절로 나온다.

오가사와라 제도에서 서식하는 바다새를 대상으로 몸에 붙은 식물의 씨앗을 조사한 연구가 있었다. 그 결과 뾰족뾰족한 가시가 달린 종자뿐만 아니라 과육이 있는 것도 붙어 있었다. 가지과에 속하는 까마중이라는 식물의 씨앗이었다. 과즙이 많은 과일을 한 입 베어 물었을 때의 끈적끈적한 느낌을 알 것이다. 이 과육이 끈끈이가 되어 씨를 달라붙게 만드

는 것이다. 때로는 공룡이 과육을 밟았을 때 발바닥에 씨를 달라붙게 해서 짜증나게도 했을 것이다.

짜증나는 이유는 당연하다. 보상이 없기 때문이다. 과육을 먹고 배설물로 씨앗을 퍼트린 경우라면 씨앗을 운반한 대가로 맛있는 과육을 맛보는 기쁨이 주어진다. 이러한 관계를 상리공생相利共生이라 한다. 몸에 붙어 씨앗을 퍼트리는 방법은 일반적으로 식물이 공룡을 이용하는 것이기 때문에 편리공생片利共生이라 한다. 이 방법은 택시를 타는 게 아니라 남의 차를 공짜로 얻어 타는 히치하이킹이다. 식물이 한 수 위인 셈이다. 또한 공룡이 탐낼 만한 맛있는 과육을 만들려면 그만큼의 에너지가 필요하지만, 몸에 붙어 씨앗을 퍼트리는 방법은 몸 표면에 부착될 만한 구조물만 만들어내면 되므로 비용 대비 효율이 높다. 게다가 공룡의 식성 따위는 신경 쓰지 않아도 되기 때문에 히치하이킹의 대상 범위도 넓다. 몸의 표면적이 크고 이동성이 높은 공룡이라는 동물이 존재하는 이상 많은 식물은

몸에 붙어서 씨앗을 퍼트리
는 방법
검은슴새의 머리에 붙은 레
드호그위드의 씨앗

몸에 붙어 씨앗을 퍼트리는 방법을 진화시켰을 것이다.

1990년대 이후 중국을 비롯한 세계 각지에서 깃털 공룡이 발견되고 있다. 지금은 다들 깃털에만 관심이 쏠려 있지만, 머지않아 깃털에 붙어 있는 씨앗이 발견될 날도 올 것이다.

공룡의 길은 진화로 통한다

길을 내거나 씨앗을 퍼트리는 일은 덩치가 크고 이동 능력만 갖추었다면 어떤 동물이든 할 수 있는 역할이고, 공룡 이전에도 대형 파충류는 존재했다. 그러나 공룡 이전의 파충류는 다리가 거의 몸통 옆에 달려 있었다. 앞다리 뒷다리가 게처럼 옆으로 달린 악어의 모습을 떠올리면 된다. 반면 공룡은 다리가 몸통 밑에 달려 있다. 전자는 후자에 비해 장거리 이동에 적합하지 않다.

갈라파고스 제도에서는 갈라파고스땅거북이 씨앗을 퍼트리는 역할을 담당하는 것으로 알려져 있다. 갈라파고스땅거북의 다리도 게처럼 옆에 달린 파충류다. 그렇다면 이들도 어느 정도는 씨앗을 옮기는 데 기여했을 것이다. 참고로, 갈라파고스란 스페인어로 '코끼리거북'이라는 뜻이다. 여하튼 공룡은 앞선 시대의 파충류보다 이동 능력이 훨씬 뛰어났고, 이 점은 씨앗을 널리 퍼트리려는 식물의 전략에도 영향을 끼쳤을 것이다. 공룡이 등장하기 전까지만 해도 식물의 장거리 이동은 동물보다는 바람에 의존하는 편이 효과적이었겠지만, 공룡의 출현으로 식물과 동물의 공진화共進化에 순풍이 불면서 동물이 퍼트리기 쉬운 열매나 씨앗이 늘어나게 되었다. 그리고 그 후 조류와 포유류가 그 관계를 이어받게 된 것이다.

공룡의 출현은 지구 46억 년의 역사 속에서 육상 동물의 이동 능력이 비약적으로 발전했음을 의미한다. 지금 시대에 씨앗을 퍼트리는 일은 조류나 포유류의 당연한 역할로 여기고 있지만, 그 시초는 중생대 공룡이 아닐까 싶다. 우리가 디저트로 패션프루트를 먹을 수 있는 것도 알고보면 공룡 덕분인 셈이다.

그리고
모두 사라지다

지구 역사상 대량 멸종 사건은 여러 번 있었다. 백악기 말 공룡의 멸종도 그중 하나로, 그 원인에 대한 다양한 설이 있다. 공룡 멸종 후 생태 피라미드는 어떻게 되었으며 생물군이 없어진다는 것은 무슨 의미인지 알아보자.

공룡이 멸종한 이유

지금으로부터 6600만 년 전인 백악기 말 공룡 시대가 돌연히 그 막을 내렸다. 이제는 산을 넘거나 강을 건너봐도, 네스호에 가거나 비키니섬에 가도 공룡을 찾아볼 수 없게 되었다. 그 존재가 화석으로 발견된 때부터 공룡은 멸종 생물로서의 영광스러운 지위를 구축했으며, 멸종한 이유에 대해서는 지금까지 다양한 설이 제기되고 있다. 사실 백악기 말에는 공룡뿐만 아니라 속씨식물이나 암모나이트, 익룡, 수장룡 등 다양한 동물군도 함께 멸종되었다.

공룡 멸종의 원인으로는 우선 화산 폭발설이 있다. 인도의 데칸고원에서 발생한 초대형 화산 폭발 때문이라는 것이다. 실제로 이 고원에서는 6700만 년 전부터 6400만 년 전 사이에 화산 폭발이 있었다. 데칸 트랩 Deccan trap이라 불리는 이 화산 활동의 흔적은 지금도 볼 수 있다. 그러

K-Pg 경계
6600만 년 전, 중생대와 신생대의 경계가 되는 시기다. 이때 지구의 다섯 번째 대멸종 사건이 있었다. 예전에는 백악기 이후의 시대인 제3기 Tertiary의 첫 번째 영문을 따서 'K-T 경계'라고 불렸으나 제3기가 팔레오기 Paleogene로 바뀌면서 최근에는 'K-Pg 경계'라고 불리고 있다.

나 단 한 번의 초대형 화산 폭발이 아니라 수백만 년에 걸쳐 간헐적인 용암 분출을 일으킨 것이다. 이 사실이 확인되기 전까지만 해도 화산 폭발이 공룡 멸종의 주원인으로 꼽혔지만, 현재는 직접적인 원인으로 보지 않는다. 간헐적으로 일어난 화산 폭발로는 백악기 말 갑작스레 생긴 멸종 현상을 설명할 수 없기 때문이다. 물론 아황산가스나 탄산가스 등이 분출되기 때문에 생태계에 전혀 영향이 없지는 않았겠지만 멸종과는 무관하다.

지금까지의 이론 중에 가장 합리적으로 받아들여지는 이론은 멕시코의 유카탄반도에 분화구를 만들 만큼 거대한 소행성이 충돌했다는 설이다. 이 이론은 1980년 캘리포니아 대학의 월터 앨버레즈와 그의 아버지인 루이스 앨버레즈에 의해 제기되었다.

백악기와 팔레오기를 나누는 시기를 'K-Pg 경계'라고 하는데, 이 시기에 공룡이나 익룡을 포함한 다양한 생물이 멸종되었다. 그리고 K-Pg 경

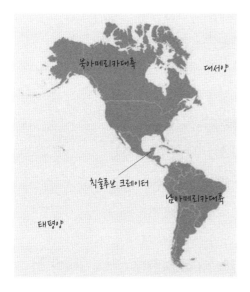

칙슬루브 크레이터의 3D 분석도(NASA)

계에 해당하는 지층에서 소행성에 많이 함유되어 있는 이리듐이 대량 검출된 사실을 토대로 두 사람은 소행성의 충돌과 백악기 말의 대량 멸종의 연관성을 주장한 것이다. 1991년 발견된 유카탄반도의 분화구는 지름 200킬로미터에 이르며, '칙술루브 크레이터Chicxulub Crater'라고 불린다.

소행성 충돌설이 제기되자마자 바로 공룡 멸종의 원인으로 연결된 것은 아니다. 느닷없이 소행성이 지구에 떨어져 대폭발을 일으키고 대멸종 사건이 벌어졌다는 SF적인 주장을 사람들이 쉽게 믿어줄 리가 없다. 소행성 충돌설 이후 30년 동안 공룡 멸종의 원인을 둘러싸고 논쟁이 이어졌다. 소행성 충돌설에 맞서는 반대 이론으로는 앞서 소개한 화산 폭발설뿐만 아니라 백악기 말부터 공룡이 쇠퇴기에 접어들었다는 설, 충돌은 있었으나 각종 생물이 멸종한 시점과 일치하지 않는다는 설도 있었다. 소천체小天體 충돌설을 두고 한동안 갑론을박을 벌이던 중 2010년 저명한 과학 잡지인 『사이언스』에 게재된 논문이 소행성 충돌설의 논리를 입증했다. 41명의 연구자가 합동으로 진행한 이 연구를 통해 공룡 멸종의 원인에 대한 논란은 매듭이 지어졌다.

멸종의 서곡

중요한 점은 소행성 충돌로 인해 어떤 일이 벌어졌는가 하는 것이다. 우선 소천체가 충돌했을 때 그 주변에 치명적인 타격이 있었을 것이다. 상상해보면, 폭풍이 휘몰아치고 불길에 휩싸여 일대의 모든 생명체가 삽시간에 사라진다. 그 영향은 일부 지역에 그치지 않고 지구 전역으로 확산된다. 대지진이 발생하고, 거대한 분화구 안으로 바닷물이 치고 들어가는 쓰나미가 발생한다. 충돌이 낳은 분출물은 지구 전역에 기온 상승을 불러일

오븐 토스터 내부의 온도가
200~250도 정도라고 한다.
또한 가정용 핫플레이트에서
오코노미야키가 구워지는
온도가 260도다.

으켜 지표면의 온도는 260도까지 오른다. 그리고 최소 몇 분에서 몇 시간
까지 지속된 기온 상승으로 인해 수많은 개체가 떼죽음을 당한다. 이러한
현상이 세계 전역에 걸쳐 몇 시간이나 지속되었다면 조류도 살아남지 못
했을 것이다. 닭고기를 오븐에 구워본 사람은 알 것이다. 200도에서 20분
정도 구우면 겉은 바삭하고 속은 촉촉하게 잘 익은 치킨이 완성된다.

　지구에는 산도 있고 계곡도 있다. 이렇듯 굴곡진 지형에서는 지역별로
기온 차이가 발생한다. 그 덕분에 조류나 포유류, 곤충 등은 그 첫 번째
재앙에서 살아남을 수 있었다. 물론 공룡 중에도 이 파란에 휘말리지 않
은 운 좋은 개체가 있었을 것이다. 그러나 재앙은 여기서 끝나지 않는다.

선택받지 못한 자의 협주곡

충돌로 인해 대기권으로 솟구쳐 올라간 미립자는 에어로졸이 되어 대기 중에 머무르면서 태양광을 차단했다. 그로 인해 지구는 한랭한 기후로 바뀌었다. 10년 동안 기온이 최대 10도는 떨어졌을 것이라는 분석도 있다. 또한 솟구쳐 올라간 유황은 산성비가 되어 해양 생물군까지 큰 타격을 입혔다. 첫 번째 재해를 극복한 생물도 지속적인 환경 변화에 시달리게 된 것이다.

오랜 기간 태양광이 차단되면 광합성을 하는 식물부터 큰 타격을 받는다. 그리고 식물은 초식 곤충이나 초식 공룡에게 소중한 자원이므로 모든 초식성 동물이 치명적인 피해를 입었을 것이다. 나아가 곤충을 먹는 소형 포식자, 소형 포식자를 먹는 중형 포식자, 그 위에 있는 육식 공룡까지도 연쇄적 타격을 입었을 것이다.

하지만 지금 오늘날의 생명이 증명하듯이 조류와 포유류는 살아남았다. 모든 개체가 살아남은 것은 아니고, 백악기 말 조류의 75퍼센트가 멸종한 것으로 파악되고 있다. 그렇다면 살아남은 개체와 멸종한 개체 사이에는 어떤 차이가 있었을까.

선택받은 자의 랩소디

동물 일부가 살아남을 수 있었던 것은 그들이 부식먹이사슬에 의존했기 때문이라고 주장하는 이론이 있다. 태양광을 이용하여 광합성으로 자라는 식물을 직접 먹는 연쇄를 생식먹이사슬이라고 한다. 반면 죽은 식물을 균류가 분해하고 그것을 무척추동물이 먹고, 또 그것을 소형 동물이 먹는 연쇄를 부식먹이사슬이라고 한다. 태양광의 차단에 따른 광합성 식

에어로졸
기체 속에 떠다니는 미세 입자.

물의 대량 멸종은 생식먹이사슬의 붕괴로 이어졌다. 살아 있는 싱싱한 식물의 공급 중단으로 연쇄된 피라미드가 붕괴되었고, 생태계의 맨 위에 군림하던 공룡도 죽음에 이르게 된 것이다. 1억 년 이상의 역사를 자랑하는 공룡이라도 몇 달간 먹지 못하면 살아남을 수 없다. 그러나 생식먹이사슬이 아닌 부식먹이사슬에 의존하는 생물은 생존할 수 있었으며, 그로 인해 포유류와 조류도 살아남을 수 있었다.

그러나 이 정도로는 대량 멸종을 설명할 수 없다. 공룡이 생식먹이사슬만 고집할 이유는 없기 때문이다. 부식동물을 주식으로 하는 곤충이나 포유류, 조류가 살아남았다면, 이들을 먹이로 하는 공룡도 살아남을 수 있다. 공룡이 생식먹이사슬의 동물과 부식먹이사슬의 동물을 구별하여 "이 녀석은 지렁이 냄새가 나서 먹지 않을 거야!"라고 음식 투정을 부리다가 굶어 죽는 길을 택할 리 없기 때문이다. 생식먹이사슬의 단절은 동식물 사체 공급량의 증가와 부식동물의 공급을 일시적으로 증가시켰을 가

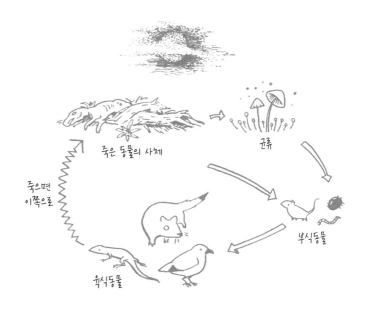

부식먹이사슬
에어로졸이 걷힐 때까지 광합성을 하지 않아도 되는 먹이그물이 생물의 다양성을 유지시켰다.

능성도 있다.

바다에서도 대량 멸종 사건이 벌어졌으나 육지의 저수지 같은 곳은 영향이 상대적으로 적었다고 알려져 있다. 이것은 양서류나 악어, 거북이 등이 살아남을 수 있었던 요인 중 하나다. 물론 저수지 근처에 사는 동물을 먹고 사는 공룡도 먹이가 완전히 끊긴 건 아니었다.

이전에는 생물 간의 먹고 먹히는 관계를 '먹이사슬'이라고 했는데, 최근에는 주로 '먹이그물'이라고 표현되고 있다. 생물의 관계는 일대일로 연결된 사슬 형태가 아니라 다수 대 다수로 연결된 복잡한 그물 관계로 인식되기 때문이다. 즉 생식먹이사슬과 부식먹이사슬은 서로 만날 일 없는 별개의 경로가 아니라, 끝과 시작은 다르지만 그 사이에 연결된 그물이 존재한다는 것이다. 그렇다면 단순히 생식먹이사슬의 단절 때문에 상위 포식자가 멸종되었다고 볼 순 없다.

몸집이 큰 공룡이 유리하다

공룡과 익룡이 모조리 멸종해버린 것은 사실이다. 생식먹이사슬의 동식물이 줄어든 것도 사실이다. 이들이 멸종한 데는 거대한 몸집도 한 요인일 수 있다. 물론 작은 개체도 있었지만 분류군 전체로는 거대화가 진행되었다고 볼 수 있다.

새의 경우에는 어느 지역에서든 소형에서 대형까지 다양한 개체가 서식한다. 일본에서 가장 작은 새는 몸무게가 10그램도 안 되는 상모솔새다. 반면 몸무게가 5킬로그램이나 되는 검독수리도 있고, 그 사이에는 다양한 크기의 새가 있다. 몸 크기가 다르면 먹는 음식의 크기와 종류도 다르다. 즉 서로 다른 자원을 이용함으로써 다양한 크기의 새가 공존할 수

상모솔새

참새목 상모솔새과의 조류.
정수리에 노란색 깃털이 상모
같다 해서 붙여진 이름이다.
겨울철 동네 공원 등지에서
볼 수 있다.[상모솔새의 일본
명칭은 '기쿠이타다키菊戴'로,
정수리의 노란색 깃털이 국화꽃
을 이고 있는 모습이라 하여 붙
여졌다.]

검독수리

매목 수리과의 조류. 몸길이
가 80센티미터를 넘고 날개를
폈을 때 총 길이는 최대 2미터
이상인 독수리. 산 절벽의 바
위나 나무에 둥지를 튼다.

있는 것이다. 이와 같은 자원 분할이 가능한 것은 어린 새들이 둥지를 떠날 시기에 거의 어미 새만큼 성장할 정도로 성장이 빠르기 때문이다. 사실 어떤 새는 개체 간의 크기 차이가 별로 없다. 상모솔새는 어미든 새끼든 모두 작고 검독수리는 모두 크다. 그런가 하면 꿩이나 흰뺨검둥오리 같은 지상성 조류는 몸이 작은 새끼일 때 둥지를 떠나기도 한다. 하지만 이런 종은 일부에 불과하고 몇 주안에 부모와 같은 크기로 성장하기 때문에 이쯤은 눈감아주기 바란다.

하지만 공룡은 다르다. 동물 중 가장 몸이 큰 이들은 새처럼 몇 주 만에 성인 크기로 자랄 수 없다. 완전히 성장하려면 몇 년이 걸린다. 게다가 그들의 알은 몸에 비해 매우 작다. 지금까지 발견된 대부분의 공룡 알은 길이가 30센티미터 이하로, 타조 알보다 작은 것도 많다. 몸길이가 5미터나 되는 마소스폰딜루스의 알도 지름이 10센티미터가 안 된다. 공룡이 긴 시간에 걸쳐 성장한다면 같은 종에도 소형에서 대형까지 다양한 크기의 개체가 존재하게 마련이다.

생태계에 크고 작고 다양한 크기의 자원이 있다고 했을 때 큰 조류는 큰 자원을 이용하고 작은 새는 작은 자원을 이용함으로써 같은 지역에서 공존한다. 그러나 대형 종 안에 몸집이 각각인 개체가 존재한다면 상대적으로 작은 개체는 살아남기 어렵다. 이처럼 몸집이 큰 공룡으로 인해 다양한 크기의 공룡은 줄어들고 전체적으로 대형화가 진행되었다고 할 수 있다.

작은 것이 큰 것을 이기다

세계가 평화롭고 자원이 충분했을 때는 대형 공룡이 살기 좋은 시대였을 것이다. 그러나 소행성이 충돌한 후로는 그렇지 않았다. 광합성을 해야 하는 자원이 일시적으로 격감하면서부터 세계적인 식량 대란이 발생했다. 소형 동물은 적은 음식으로도 살아갈 수 있지만 많은 음식을 섭취해야 생명 유지가 가능한 대형 동물은 사정이 다르다. 즉 생식먹이사슬의 식량이 부족해진 현상과 더불어 동물의 몸 크기가 생태계의 명암을 낳았다. 위기를 극복한 동물과 극복하지 못한 동물로 나뉜 것이다. 새와 익룡 모두 하늘을 날았지만 익룡만 멸종한 사실을 보더라도 몸의 크기가 영향을 끼쳤음을 알 수 있다.

물론 멸종한 소형 공룡도 있었다. 특히 육식 공룡 중에는 비교적 작은 개체들도 있었다. 하지만 그들도 상위 포식자라는 사실에는 변함이 없다. 생태계의 피라미드 구조를 생각해보면 식량이 줄어드는 것은 피라미드의 밑변이 줄어드는 것을 뜻한다. 이에 따라 그 위층의 지지 면적은 작아지고 피라미드의 높이도 낮아진다. 즉 식량이 줄어들면 상위에 있는 포식자일수록 입지가 불안해진다.

조류와 포유류가 살아남을 수 있었던 것은 몸이 작고 피지배층에 속한 개체였기 때문이고, 그들의 몸이 작은 이유는 대형 공룡이 세상을 지배하고 있었기 때문이다. 공룡이 장악한 세계에서는 공룡과 정면으로 경쟁하는 대형 동물로 진화하는 것보다 소형 종으로 진화하는 편이 합리적이다. 공룡 때문에 어쩔 수 없이 소형화를 택했던 것이 공룡이 넘지 못한 K-Pg 경계를 넘게 된 요인이라니, 참으로 아이러니한 일이다.

소행성의 충돌 이후 공룡은 멸종했다. 그러나 우리가 아는 사실이라곤 원인과 결과일 뿐, 멸종의 메커니즘에 대해서는 명확하지 않다. 여기에 소개한 내용도 얼마나 진실에 가까운 것인지 알 수 없다. 이를 해결하기 위해서는 100년 후 완성을 목표로 하더라도 우선 도라에몽을 개발하는 데 발 벗고 나서는 것이 지름길일 것 같다.

도라에몽의 개발
정확하게는 도라에몽을 개발하는 것이 아니라 도라에몽의 타임머신을 원하는 것이다. 그러나 도라에몽이 개발되면 타임머신은 저절로 따라오게 마련이다.

지상도 하늘도 아닌
친구도 아닌 연인도 아닌 관
계를 경험해본 적이 있다면
그 안타까움을 잘 알 것이다.

조류도 치켜세우면 공룡이 될 수 있다

공룡이 멸종했다는 사실은 모두가 다 알고 있다. 생태계에서 지배자 위
치에 있던 생물이 갑작스레 자취를 감추게 되자 남겨진 자들에게는 여백
의 시간이 찾아왔다. 그와 동시적으로 익룡이나 수장룡도 사라졌다. 어룡
은 한 발 먼저 백악기 중기에 멸종했다.

그들은 남겨진 자들에게 어떤 존재였을까? 무시무시한 포식자이자 엄
청 강력한 경쟁자였다. 이런 포식자와 경쟁자로부터 해방된 조류는 드디
어 새로운 진화의 페이지를 쓰기 시작했다.

소행성 충돌 이전, 익룡은 하늘을 지배하고 공룡은 지상을 지배하고
있었다. 새가 이용할 수 있었던 공간은 지상도 하늘도 아닌 그 중간뿐이
었다. 그러나 이제 공룡도 익룡도 없어졌다. 게다가 공룡의 억압 효과로 인
해 포유류도 별 위협이 안 되었다. 결국 조류의 천하가 온 것이다.

소행성 충돌과 함께 많은 조류도 공룡과 함께 멸종했다. 살아남은 조
류의 일부는 지금의 조류와 이어져 있는 비행에 특화된 그룹뿐이었다. 이
미 이빨은 사라지고 부리가 생겼으며 앞다리는 날개로 진화한, 현대 조
류처럼 비행 능력이 특화된 형태였다. 어쩌면 대형 포식자가 갑자기 사라
진 생태계에서 공룡의 직계 후손인 조류가 대두하게 된 것은 필연이었는
지도 모른다. 비행에 적응한 조류 중에서는 이른바 공포새라 불리는 날지
못하는 대형 조류가 진화하게 되었다. 공룡이 활보하던 시절에는 있을 수
없는 일이다.

날지 못하는 새, 무늬만 새인가?

공포새란 날지 못하는 육식 조류를 통틀어 부르는 명칭이다. 기러기목

에 속하는 가스토르니스, 느시사촌목에 속하는 포루스라코스. 이른바 공포새라고 불리는 거대한 조류는 여러 그룹에서 진화한 것으로 추정하고 있다. 날지 못하는 대형 조류라고 하면 먼저 타조가 떠오를 것이다. 그러나 공포새와 타조는 생김새가 전혀 다르다. 공포새 중에 유명한 가스토르니스를 살펴보자. 가스토르니스는 키가 2미터나 되는 거대 조류로, 외모 중 거대한 머리가 눈에 띈다. 타조의 키도 2미터 정도지만 머리는 20센티미터가 안 될 만큼 작다. 반면 가스토르니스의 머리는 약 40센티미터나 된다.

타조는 초식에 가까운 잡식성이지만 가스토르니스 등의 공포새는 육식성이며, 거대한 머리는 최강의 무기다. 남미에 살던 안달갈로니스라는 공포새는 단단하고 큰 머리를 이용하여 먹이를 사냥한 것으로 추정하고 있다. 매처럼 갈고리 모양의 부리를 지니고 있어 울부짖는 사냥감을 무참히 갈기갈기 찢어 먹었을 것이다.

켈렌켄 공포새는 키가 3미터에 달한다. 중생대에 살았던 대형 포식자인 스피노사우루스나 기가노토사우루스의 크기에는 미치지 못하지만, 공룡이 사라진 세계에서 그들은 가장 큰 지상성 포식자였다. 포유류는 지배자만 바뀌었을 뿐 포식자에게 잡아먹히는 처지에는 변함이 없었다. 공룡의 억압에서 해방된 기쁨도 잠시, 또 다른 포식자가 기다리고 있었던 것이다.

그러나 포유류의 쿠데타로 공포새가 지배하던 세상도 저물기 시작했다. 포유류에게 공룡이 지배하던 시대는 암흑기였다. 아무리 발버둥 쳐도 티라노사우루스를 이길 수는 없었다. 그러나 공포새라면 승산이 없지 않았다. 지배자라고는 해도 키가 3미터에 불과하고 이빨도 없으며 앞다리인 날개는 퇴화 중이었다. 잘하면 이길 수 있었다. 날카로운 이빨과 발톱을

신생대, 공룡의 빈자리를 채우는 공포새류

가스토르니스　　　　　　　켈렌켄　　　　　티타니스　　　포루스라코스

가진 포유류는 드디어 자신의 실력을 깨닫기 시작했다. 팔레오세에 한창 전성기를 구가하던 공포새는 에오세에 접어들어 대형 포유류가 등장하자 쇠퇴하기 시작했다. 대형 육식 포유류가 늦게 출현한 남미 지역에는 일부 공포새가 비교적 최근까지 살아남았지만, 플라이오세에서 플라이스토세 무렵에 모두 자취를 감추고 말았다. 그동안 피식자였던 식육목의 포유류 는 경쟁자 또는 포식자로 발전하게 되었다. 춘추전국 시대가 끝나고 포유 류의 시대라는 새로운 국면을 맞이했다. 이후에 전개된 상황은 별개의 문 제다.

세계는 여전히 조류를 환영한다

육식성 공포새의 개체 수가 감소하는 와중에도 각지에서는 지상성 대 형 조류가 진화하고 있었다. 16세기에 멸종한 것으로 알려진 마다가스카 르의 코끼리새는 키가 3미터에 체중이 450킬로그램이다. 호주의 드로모 르니스는 키가 3미터에 체중이 500킬로그램이다. 뉴질랜드의 자이언트 모아는 키가 3.6미터에 달한다. 이러한 조류의 거대화는 무시무시한 공 룡이 지배하던 시대에는 불가능한 일이었다. 참고로 농구 골대의 높이가 3.05미터다. 제아무리 강백호라도 자이언트모아 머리 위로 덩크슛을 날릴 수는 없었을 것이다.

익룡의 멸종은 조류를 진정한 하늘의 지배자로 이끌었다. 지상을 정복 하지 못했지만 제공권은 완전히 장악할 수 있었다. 마이오세 무렵 남미에 서식하던 펠라고르니스 킬렌시스는 날개를 펼친 길이가 5미터, 같은 시대 에 남미에 서식하던 맹금류 아르젠타비스 마그니피센스는 7미터로 알려 져 있다. 이런 대형 조류가 진화한 것도 경쟁자가 없어졌기 때문이다.

강백호
이노우에 다케히코가 그린 농구 만화 「슬램덩크」의 주 인공.

현존하는 조류 중에도 나그네알바트로스나 콘도르는 날개를 펼치면 3미터가 넘는다. 한편 벌새는 몸길이가 5센티미터에 몸무게 2그램으로, 1엔짜리 동전 2개의 무게다. 지금의 조류는 소형에서 대형까지 1만여 종으로 세분화되어 있고, 남극 바다에서 히말라야 상공까지 서식하지 않는 곳이 없다. 조류는 포유류와의 사소한 경쟁은 있지만 우리 일상생활에서 가장 가까이 볼 수 있는 야생 동물이면서 현세의 하늘을 마음껏 구가하고 있는 생물임에 틀림없다.

세계에서 새가 사라지는 날

공룡을 비롯한 거대 파충류의 멸종은 생태계에 큰 변화를 초래했을 것이고, 전 세계적으로 어떤 일이 발생했을지 이해할 수는 있다. 하지만 너무 오래전의 이야기라 잘 와닿지 않을 수도 있다. 새가 하늘에서 자유를 누릴 수 있게 되었다고 해봤자, 오늘 이 시대를 살아가는 우리로서는 매일 보는 익숙한 광경일 뿐이다. 우리는 전쟁을 치른 뒤의 삶이 얼마나 고단한지 할머니로부터 듣기는 했지만 남의 일처럼 느껴지는 것과 같다. 그렇다면 대형 동물이 멸종한 사건을 직접적으로 느껴볼 수 있도록 무대를 지금 시대로 옮겨보기로 하자.

화성인이 지구에 와서 모든 조류를 없앤다고 생각해보자. 화성에서는 새가 유해 생물이기 때문에 완전히 멸종시키는 게 기본 방침이며, 오지랖 넓은 화성인이 지구까지 돌봐주기로 했다는 설정이다.

전 세계를 무대로 하면 남의 일 같으니까 일본에 한정하여 생각해보자. 우선 KFC가 파산할 테고, 백숙을 먹을 수 없게 될 것이다. 닭 꼬치구이 집은 돼지고기구이 집으로 간판이 바뀌고, 아사히야마 동물원의 마스코

트인 펭귄들의 산책도 볼 수 없을 테니 관람객도 줄어들 것이다. 일상생활에 끼치는 영향도 크겠지만, 그보다 생태계에 어떠한 변화를 가져오는지 알아보자.

새의 역할 중 하나는 포식자다. 매나 올빼미 등이 사라지면 쥐나 토끼가 늘어난다. 하지만 여우가 잡아먹으면 되니까 크게 걱정할 필요는 없다. 이 정도는 경쟁자가 없어진 육식 포유류가 충분히 커버할 수 있는 수준이다. 문제는 곤충의 포식자가 줄어든다는 것이다. 나무 위에 사는 곤충은 포유류가 잡아먹을 수 없다. 유충들은 미래를 준비하지 않는 베짱이처럼 나뭇잎을 마구 먹어치울 것이고, 나무는 점점 시들어간다. 나무를 갉아먹고 사는 하늘소를 잡아먹을 새가 없으니 그들의 증가를 막을 수 없다. 시든 나무에는 목재 부패균, 즉 버섯이 마구 피어난다. 물론 식물이 없으면 곤충도 먹이가 부족해서 개체 수가 감소할 테니 식물의 쇠퇴는 어느 선에서 멈추겠지만, 식물 대 곤충의 의리 없는 세계가 시작될 것이다.

박쥐는 낮의 세계로 진출한다. 몸이 검은색이면 덥기 때문에 갈색으로 바꾼다. 주행성 박쥐는 초음파를 사용하지 않고 눈으로 보는 유시계有視界 비행 방식으로 전환하여 자유자재로 날아다닌다. 햇빛 아래에서 다채로운

닭 꼬치구이 집은 돼지고기
구이 집으로
사이타마현의 히가시마쓰야
마시는 닭 꼬치로 유명한데,
닭 꼬치를 주문하면 돼지머
리 고기가 나온다.

세계를 목격한 그들은 늘 동경해 마지않던 하얀 박쥐와 푸른 박쥐의 꿈을 현실에서 이룬다. 늘어난 곤충은 박쥐가 잡아먹는다. 씨앗을 퍼트리던 새의 역할은 과일을 즐겨 먹는 과일박쥐가 대신한다. 어떤 박쥐는 펭귄이나 가마우지 대신 바다에 잠수하여 물고기를 잡아먹는다. 세상에서 새가 없어진다 해도 혼란은 일시적일 뿐 웬만한 문제는 포유류가 해결해줄 것 같다. 이를 확실히 알아보기 위해 포유류가 멸종된 상황도 상상해보자.

쥐가 사라지면 도마뱀이 웃는다

새가 사라진 다음, 금성인이 지구에 와서 포유류를 멸종시킨다고 생각해보자. 이유는 뭐든 상관없다. 인간도 포유류지만, 세계가 어떻게 변화하는지 지켜봐야 하기 때문에 특별히 살려두는 것으로 하자. 우선 요시노야[일본의 분식점]와 모스버거집은 폐업 직전이지만 생선구이 덮밥과 두부버거 메뉴로 간신히 버티고 있다. 맥도날드는 쇼진精進 요리[고기와 생선을 빼고 채소만으로 만든 사찰식 요리] 가게로 변경하여 재개를 노린다. 반려동물용품점은 도마뱀용품점으로 바뀐다. 일본인은 원래 생선과 콩을 주로 먹기 때문에 식성에는 큰 변화가 없다.

쥐가 사라진 탓에 식물 씨앗의 포식자가 줄어든다. 씨앗을 먹는 새도 이미 사라진 상태다. 반면 곤충이 종자를 먹어치우는 사태가 증가한다. 식물의 씨앗을 퍼트리는 역할을 하던 새나 박쥐도 사라져 식물의 씨앗은 갈 곳을 잃은 채 바람이나 해류에게 몸을 맡긴다. 씨앗을 퍼트려줄 동물이 없어지자 열매는 퇴화한다. 그러나 파충류가 남아 있다. 열매는 영양가가 높다. 지금까지는 조류와 포유류가 열매를 죄다 먹어치우는 바람에 열매를 맛볼 기회가 없었다. 과일을 먹으려다가 호시탐탐 먹이를 노리고 있던 새에게 잡아먹히기 일쑤였다. 그러나 포식자도 경쟁자도 없어졌으니 열매를 마다할 리 없다. 태평양 섬에서 열매를 먹고 살아가는 오늘날의 도마뱀처럼 진화한다. 그리고 종자가 산포散布되는 이동 거리가 짧아지면서 유전적 교류가 끊어져 각지에서 고유한 식물 종이 진화한다.

개구리, 도마뱀, 뱀은 포식자로부터 해방된다. 그리고 거대화되기 시작한다. 날도마뱀처럼 점프와 활공을 하는 파충류가 증가하고, 넘쳐나는 비행 곤충을 잡아먹는다. 개구리는 진화 과정에서 버렸던 치아를 다시 되찾아 다양한 동물을 먹을 수 있게 되고 몸집도 벨제부포처럼 비대해진다. 한편 비행 곤충의 동족을 천적으로 맞이한다. 자신들의 포식자인 새와 박쥐가 없어졌으므로 마음껏 대형화의 꿈을 실현해나간다. 오늘날은 공기 중의 산소 농도가 낮아져서 그다지 크게 진화되지 않을 것 같긴 하지만, 먼저 몸집을 키운 잠자리가 하늘 세계에서 최강의 포식자로서 자리매김한다. 지상에는 거대한 사마귀가 활보한다. 거미도 마찬가지다. 대형 거미는 몇 미터씩 점프할 수 있고 큼직한 둥지를 틀어놓고 거대 잠자리를 잡아먹는다.

군웅할거 시대 이후를 지배할 생물은 도대체 어떤 종일까? 아마도 포식성과 지상성이 높은 대형 파충류가 승리를 거머쥘 것이다. 왠지 트라이아스기가 재현되는 느낌이다.

맑음, 때때로 거대 운석

생태계에서 주요한 역할을 맡은 그룹이 갑자기 사라지면 그 영향으로 개체 간의 불균형이 초래되고 일시적인 혼란을 불러온다. 물론 개체 간의 상호작용이 끊겨 많은 생물이 멸종하게 될 것이다. 그러나 그로 인해 과도

금성인

문어형 화성인에 비해 금성인은 지구인과 비슷한 모습이다. 18세기에 금성에 대기大氣가 있다는 사실이 밝혀지면서 금성인의 존재가 주장되었다. 또한 금성의 영어식 표현이 '비너스venus'라서 그런지, 미녀인 경우가 많다. 불행히도 금성 문명은 킹 기도라['고지라」 시리즈에서 인기 있는 괴수의 이름]에 의해 멸망했다.

하게 늘어난 개체에 대해서는 새로운 포식자가 등장하게 되고, 사용되지 않았던 자원은 그것을 이용하는 새로운 생물의 적응방산適應放散[생물의 한 분류군이 환경에 적응해 나가는 과정에서 식성이나 생활방식에 따라 다양하게 분화하는 현상]을 촉진한다. 결국 사라진 생물의 생태계 지위는 다른 생물로 대체되고, 새로운 생물로 재정립된 생태계는 안정을 찾게 된다.

생명체의 탄생 이후 지구는 지금까지 기나긴 세월 속에서 수많은 멸종과 번영을 거듭해왔다. 멸종의 원인으로는 여러 가지가 있지만 화성인이나 금성인보다는 거대한 운석이 날아왔을 가능성이 높다. 거대한 운석이 충돌하여 생긴 분화구는 칙술루브 크레이터뿐만 아니라 캐나다나 인도 등 세계 각지에서도 흔적이 발견되고 있으며, 언젠가는 그러한 공격이 지구에 찾아들 것이다. 그리고 신생대는 막을 내리고 다음 시대가 찾아오게 될 것이다.

우리 인류는 지혜를 발휘하여 언젠가 맞이할 운석 충돌의 대재앙을 슬기롭게 헤쳐나가길 바란다. 그리고 그 이후 생물이 어떻게 진화하는지, 그 진귀한 광경을 꼭 목격하길 바란다.

조류학자는
깃털 공룡 꿈을 꾼 것일까

서점에 갔다가 깜짝 놀란 일이 있다. 대형 출판사에서 조류도감보다 먼저 공룡도감을 출판한 것이다. 이것은 정말 큰 문제다. 어떻게든 해야 했다.

우리는 옛날부터 새에 대해 알고 있었다. 다이카개신大化改新[7세기 중엽 왕권 중심의 중앙집권적 정치개혁]보다, 이즈모국出雲國[고대 시마네현에 세워진 것으로 알려진 국가]이 이양됐을 때보다 훨씬 전부터 말이다. 호모사피엔스가 아프리카 생활을 즐기기 시작했을 무렵에도 새와는 구면 관계였을 것이다. 이에 비해 공룡은 19세기에 들어와 만난 초면 관계다. 그러니 당연히 조류도감이 먼저 출간되어야 마땅하다.

그러나 인기로 치자면 공룡은 단연 부동의 1위를 지키고 있으며, 누구나 유년 시절의 3대 통과의례 중 한 종목으로 자리 잡았다. 나머지 두 종목은 포켓몬과 카레라이스 정도 아닐까? 반면 새에 대한 관심은 특별한 취미 생활로 간주되기 일쑤고, 조류학은 대중에게 가까이 다가가지 못했다. 그렇다면 인기 있는 공룡의 덕을 보는 수밖에 없다.

그래서 이 책을 쓰게 된 것이다. 그러나 다른 생물의 인기를 빌려 책을 쓰기까지는 망설임도 없지 않았다. 물론 공룡학자가 아니기 때문이다. 공룡학에 문외한인 내가 공룡의 인기를 빌어 책을 쓰는 것이 과연 올바른 일인가 하는 갈등이 있었으며, 책 첫머리에 이에 대한 여러 변명을 늘어놓았다. 무엇보다도 학문이 부족하기 때문에 미비한 점이 많을 것이다. 부디 양해해주시길 바란다.

좀더 생각해보면, 이 책의 대전제는 '조류=공룡'이다. 다시 말해 우리 조류학자는 공룡학자라 할 수 있다는 말이다. 이 전제는 지난 수십 년간 공룡학자들이 노력해서 만든 결과물이다. 공룡학자 스스로 조류학자를 자신들과 동일한 입장에 세워놓은 셈이다. 그러니 조류학자들은 공룡학자들의 환대 속에 공룡학자를 자칭할 수 있게 된 것이다. 나는 당연히 공룡학자이며, 이 책은 공룡학자가 쓴 공룡 책이다. 부디 궤변으로 받아들이지 말기를 바란다.

당당하지만 갑작스럽게 공룡학자가 된 사람인지라 이 책을 집필하는 과정에서 매우 많은 분의 도움을 받았다. 먼저 이 분야에 많은 도움을 주신 연구자들에게 진심으로 감사의 말씀 전하고 싶다. 이 책의 기초가 된 숱한 연구에는 많은 연구자의 피와 땀이 어려 있으며, 이들 학자의 연구 성과가 없었다면 이 책은 나오지 못했다. 또한 나와 많은 아이디어를 함께 고민해준 연구실의 동료들, 원고를 집필하는 나를 지켜봐준 친구와 가족에게도 매우 감사하다는 말을 전하고 싶다. 그리고 이 책에는 많은 문헌이나 창작물이 인용되어 있다. 이것은 표절이 아니라 어디까지나 오마주다. 선인들의 역사 창작에 진심으로 경의를 표하는 바다.

아오츠카 게이이치 씨와 다나카 고헤이 씨는 고생물학자 시각에서 원고를 검토해주었다. 두 사람 덕분에 치명적인 실수 없이 책을 완성할 수 있었으니 두 사람은 이 책의 구세주라고 할 수 있다. 그러나 아직 이 책에 실수가 남아 있다면 저자의 책임일 수밖에 없다. 디자이너 요코야마 아키히코 씨는 지면을 세련되게 구성해주었다. 옷이 날개라더니 화려한 옷을 입혀준 디자이너 덕분에 책의 이미지가 70퍼센트 정도는 상승했다. 에루시마사쿠 씨는 매력적인 일러스트를 더해주었다. 멋진 그림 때문에 이 책을 읽기로 한 독자도 적지 않을 것이다. 하지만 나 때문에 다시 그린 그림만 해도 수십 장은 될 것이다. 나를 미워하지 않았을까 심히 걱정된다. 그리고 무엇보다 가와시마 다카요시 씨와 오쿠라 세이지 씨는 이 책을 집필하게 된 계기를 제공해주었다. 나의 계속되는 수정 요구에도 묵묵히 편집해주신 덕분에 여기까지 올 수 있었다. 이 책을 완성하기까지 하나의 마음으로 도와주신 이 많은 분에게 감사의 인사를 드린다.

마지막으로, 또 변명이긴 하지만 한 가지 이야기해두고 싶은 것이 있다. 본문에서 다소 위압적인 문체에 다소 기분이 언짢은 독자도 있겠다. 사실 거기에는 그럴 만한 이유가 있다.

허세다.

나는 소심한 성격을 지닌 사람이다. 책상 옆에 가츠마 가즈요가 쓴 『거절하는 힘』이 놓여 있다는 사실만으로도 짐작할 수 있을 것이다. 원고를 편집자에게 넘길 때마다 심장이 쿵쾅쿵쾅 뛰고 밤잠을 설칠 정도로 소심하다. 당시는 스스로 공룡학자라고 당당히 인식하지 못했던 터라 공룡 책을 쓰기 위해서는 허세가 필요했다.

소심한 성격은 비난에 약하고 쉽게 마음에 상처를 입는다. 아무쪼록

이 책에 대한 비판적인 의견은 편집부에 편지를 보내거나 개인 블로그에 올리지 말고 마음 한구석에 담아주시길 부탁드린다. 하지만 칭찬은 대환영이다.

그리고 또 다른 기회에 다른 책으로 만날 수 있기를 진심으로 빈다.

가와카미 가즈토

Megrosenia apaloptera

アラン・フドゥシア, 『鳥の起源と進化』, 平凡社, 2004.

犬塚則久, 『恐龍ホネホネ學』(NHKブックス No.1061) NHK出版, 2006.

後藤和久, 『決着! 恐龍絶滅論爭』(岩波科學ライブラリー No.186), 岩波書店, 2011.

小林快次・眞鍋眞 監修, 『講談社の動く圖鑑 MOVE 恐龍』, 講談社, 2011.

小林快次・平山廉・眞鍋眞 監修『恐龍の復元』, 學習研究社, 2008.

コリン・タッジ『鳥優美と神秘, 鳥類の多様な形態と習性』, CMC出版, 2012.

佐藤克文, 『巨大翼龍は飛べたのか?: スケールと行動の動物學』(平凡社新書 No.568), 平凡社, 2011.

ダレン・ネイシュ, 『世界恐龍発見史: 恐龍像の変遷, そして最前線』, ネコパブリッシング, 2010.

トーマス・R・ホルツ Jr., 『ホルツ博士の最新恐龍典』, 朝倉書店, 2010.

フランク・B・ギル, 『藻類學』, 新樹社, 2009.

マイケル・J・ベントン ほか監修,『生物の進化大圖鑑』, 河出書房新社, 2010.

ロバート・T・バッカー ・マーティン・G・ロックリー ほか編,『恐龍過去と現在 I・II』, 河出書房新社, 1995.

Darwin, Charles, *The origen of species*, Gramercy Books, 1995.

Paul, Gregory b., *The Princeton Field Guide to Dinosaurs*, Princeton Univ Press, 2010.

공룡전 도록

『世界最大王国2012』, 大日本印刷, 2012.

『翼龍の謎: 恐龍か見あげた龍』, 福井縣立恐龍博物館, 2012.

『恐龍展2011』, 朝井新聞社, 2011.

『世界せかい最古さいこの恐龍展』, NHK・NHKプロモーション, 2010.

『恐龍2009: 砂漠の奇跡』, 日本經濟新聞社・TV東京・日經ナショナルジオグラフィック社, 2009.

『世界巨大恐龍展2006生命と環境: 進化のふしぎ』, 日本經濟新聞社・NHK・NHKプロモーション・ナショナルジオグラフィック社, 2006.

『恐龍展2005: 恐龍から鳥類への進化』, 朝井新聞社, 2005.

『世界の崔大恐龍展2002』, 朝井新聞社・NHK・NHKプロモーション, 2002.

『重慶自然博物館所蔵堀りたて恐龍展』, RKB 毎日放送, 2001.

찾아보기

조류학자
무모하게도
공룡을
말하다

초판 인쇄	2020년 6월 19일
초판 발행	2020년 6월 29일

지은이	가와카미 가즈토
옮긴이	김선아
펴낸이	강성민
편집장	이은혜
마케팅	정민호 김도윤 고희수
홍보	김희숙 김상만 지문희 우상희 김현지

펴낸곳	(주)글항아리	출판등록 2009년 1월 19일 제406-2009-000002호
주소	10881 경기도 파주시 회동길 210
전자우편	bookpot@hanmail.net
전화번호	031-955-2696(마케팅) 031-955-1936(편집부)
팩스	031-955-2557

ISBN	978-89-6735-788-7 03470

글항아리는 (주)문학동네의 계열사입니다.

이 도서의 국립중앙도서관 출판예정도서목록(CIP)은 서지정보유통지원시스템 홈페이지 (http://seoji.nl.go.kr)와 국가자료종합목록 구축시스템(http://kolis-net.nl.go.kr)에서 이용하실 수 있습니다.(CIP제어번호: CIP2020021179)

잘못된 책은 구입하신 서점에서 교환해드립니다.
기타 교환 문의 031-955-2661, 3580

geulhangari.com